# 焊接与热切割作业

浙江省安全生产教育培训教材编写组　编写

U0250718

浙江科学技术出版社

## 图书在版编目(CIP)数据

焊接与热切割作业/浙江省安全生产教育培训教材编写组编写.—杭州:浙江科学技术出版社,2016.1
ISBN 978-7-5341-6966-3

Ⅰ.①焊… Ⅱ.①浙… Ⅲ.①焊接—安全技术—安全培训—教材②切割—安全技术—安全培训—教材 Ⅳ.①TG4

中国版本图书馆CIP数据核字(2015)第284049号

| 书　　名 | 焊接与热切割作业 |
| 编　　写 | 浙江省安全生产教育培训教材编写组 |

**出版发行** **浙江科学技术出版社**
杭州市体育场路347号　邮政编码:310006
办公室电话:0571-85176593
销售部电话:0571-85176040
网　　址:www.zkpress.com
E-mail:zkpress@zkpress.com

| 排　　版 | 杭州奥斐思商务服务有限公司 |
| 印　　刷 | 杭州奥斐思商务服务有限公司 |

| 开　　本 | 850×1168　1/32 | 印　张 | 3.75 |
| 字　　数 | 87 000 | | |
| 版　　次 | 2016年1月第1版 | 印　次 | 2016年1月第1次印刷 |
| 书　　号 | ISBN 978-7-5341-6966-3 | 定　价 | 7.50元 |

| **责任编辑**　余旭伟 | **责任印务**　徐忠雷 |
| **封面设计**　金　晖 | **责任校对**　马　融 |

# 出版说明

　　根据《中华人民共和国安全生产法》以及《特种作业人员安全技术培训考核管理规定》等法律法规要求，为规范浙江省特种作业人员安全技术培训考核工作，提高培训、考核质量，有利提升特种作业人员安全技术理论知识和实际操作水平，我们对原有使用的浙江省特种作业人员安全技术复审培训教材《焊接与热切割作业》进行了修订，予以重新出版。

　　本教材内容丰富，深入浅出，通俗易懂，具有较强的系统性、实用性、时效性和针对性，可作为浙江省焊接与热切割作业人员复审培训的通用教材，也可供企业在安全管理及编制相关操作规程时参考。

　　限于时间和水平，书中存在疏漏之处在所难免，欢迎大家对本书提出宝贵意见和建议，以便及时修订和完善。

编　者

2015年12月

# 目　录

# 第一章 安全生产法律法规

近年来我国采取了一系列重大措施加强安全生产工作，使全国安全生产状况逐年好转，因生产安全事故而死亡的人数明显减少。但是，生产事故总量仍然很大，重特大事故时有发生，非法、违法、违规、违章生产经营状况仍然十分严重，全国安全生产形势依然非常严峻。焊接与热切割作业属于高危险性作业，一旦发生事故，会给人民生命、财产安全造成重大损失。只有学习、掌握安全生产法律、法规知识，全面落实"安全第一，预防为主，综合治理"安全生产方针，切实加强安全生产，才能有效地预防生产安全事故的发生。

## 第一节 安全生产法简介

《中华人民共和国安全生产法》（以下简称《安全生产法》）于2002年6月29日第九届全国人民代表大会常务委员会第二十八次会议通过，根据2009年8月27日第十一届全国人民代表大会常务委员会第十次会议关于《关于修改部分法律的决定》进行了第一次修正，根据2014年8月31日第十二届全国人民代表大会常务委员会第十次会议《关于修改〈中华人民共和国安全生产法〉的决定》进行了第二次修正，自2014年12月1日起施行。

《安全生产法》确立了安全生产监督管理、生产经营单位安全保障、生产经营单位负责人安全生产责任、从业人员的安全生产权利和义务、安全中介服务、安全生产责任追究、事故应急和处理等基本法律制度。

《安全生产法》第二十六条规定，生产经营单位采用新工艺、新技术、新材料或者使用新设备，必须了解、掌握其安全技术特性，采取有效的安全防护措施，并对从业人员进行专门的安全生产教育和培训。

《安全生产法》第二十七条规定，生产经营单位的特种作业人员必须按照国家有关规定经专门的安全作业培训，取得相应资格，方可上岗作业。特种作业人员的范围由国务院安全生产监督管理部门会同国务院有关部门确定。

## 一、生产经营单位安全保障

《安全生产法》第十八条规定，生产经营单位的主要负责人对本单位安全生产工作负有的职责中，增加了"组织制定并实施本单位安全生产教育和培训计划"。

《安全生产法》第十九条规定，生产经营单位的安全生产责任制应当明确各岗位的责任人员、责任范围和考核标准等内容。生产经营单位应当建立相应的机制，加强对安全生产责任制落实情况的监督考核，保证安全生产责任制的落实。

《安全生产法》第二十五条规定，生产经营单位应当对从业人员进行安全生产教育和培训，保证从业人员具备必要的安全生产知识，熟悉有关的安全生产规章制度和安全操作规程，掌握本岗位的安全操作技能，了解事故应急处置措施，知悉自身在安全生产方面的权利和义务。未经安全生产教育和培训合格的从业人员，不得上岗作业。

生产经营单位被派遣劳动者的，应当将被派遣劳动者纳入本岗位从业人员统一管理，对被派遣劳动者进行岗位安全操作规程和安全操作技能的教育和培训。劳务派遣单位应当对被派遣劳动者进行必要的安全生产教育和培训。

生产经营单位接收中等职业学校、高等学校学生实习的，应当对实习学生进行相应的安全生产教育和培训，提供必要的劳动防护用品。学校应当协助生产经营单位对实习学生进行安全生产教育和培训。

生产经营单位应当建立安全生产教育和培训档案，如实记录安全生产教育和培训的时间、内容、参加人员以及考核结果情况。

## 二、从业人员的安全生产权利

（一）合同保障权

1.生产经营单位与从业人员订立的劳动合同，应当载明有关保障从业人员劳动安全、防止职业危害的事项，以及依法为从业人员办理工伤保险的事项。

2.生产经营单位不得以任何形式与从业人员订立协议，免除或者减轻其对从业人员因生产安全事故伤亡依法应承担的责任。

（二）知情权、建议权

生产经营单位的从业人员有权了解其作业场所和工作岗位存在的危险因素、防范措施及事故应急措施，有权对本单位的安全生产工作提出建议。

（三）批评权、检举权、控告权

从业人员有权对本单位安全生产工作中存在的问题提出批评、检举、控告。

（四）合法拒绝权

1.从业人员有权拒绝违章指挥和强令冒险作业。

2.生产经营单位不得因从业人员对本单位安全生产工作提出批评、检举、控告或者拒绝违章指挥、强令冒险作业而降低其工资、福利等待遇或者解除与其订立的劳动合同。

（五）紧急避险权

1.从业人员发现直接危及人身安全的紧急情况时，有权停止作业或者在采取可能的应急措施后撤离作业场所。

2. 生产经营单位不得因从业人员在紧急情况下停止作业或者采取紧急撤离措施而降低其工资、福利等待遇或者解除与其订立的劳动合同。

（六）依法索赔权

因生产安全事故受到损害的从业人员，除依法享有工伤保险外，依照有关民事法律尚有获得赔偿的权利的，有权向本单位提出赔偿要求。

## 三、从业人员的安全生产义务

（一）遵章作业和服从管理

从业人员在作业过程中，应当严格遵守本单位的安全生产规章制度和操作规程，服从管理。

（二）佩戴和使用劳动防护用品

从业人员在作业过程中，应当正确佩戴和使用劳动防护用品。

（三）接受安全生产教育和培训

1. 从业人员应当接受安全生产教育和培训，掌握本职工作所需的安全生产知识，提高安全生产技能，增强事故预防和应急处理能力。

2. 生产经营单位的特种作业人员必须按照国家有关规定经专门的安全作业培训，取得特种作业操作资格证书后，方可上岗作业。

（四）安全隐患报告义务

从业人员发现事故隐患或者其他不安全因素，应当立即向现场安全生产管理人员或者本单位负责人报告；接到报告的人员应当及时予以处理。

《安全生产法》第五十八条规定，生产经营单位使用被派遣劳动者的，被派遣劳动者享有本法规定的从业人员的权利，并应当履行本法规定的从业人员的义务。

## 四、生产安全事故责任追究制度

国家实行生产安全事故责任追究制度，依照安全生产法和有关法律、法规的规定，追究生产安全事故责任人员的法律责任。

（一）对生产经营单位的事故责任追究

生产经营单位有下列行为之一的，责令限期改正，可以处五万元以下的罚款；逾期未改正的，处五万元以上二十万元以下的罚款，对其直接负责的主管人员和其他直接责任人员处一万元以上两万元以下的罚款；情节严重的，责令停产停业整顿；构成犯罪的，依照刑法有关规定追究刑事责任：

1. 未在有较大危险因素的生产经营场所和有关设施、设备上设置明显的安全警示标志的。

2. 安全设备的安装、使用、检测、改造和报废不符合国家标准或者行业标准的。

3. 未对安全设备进行经常性维护、保养和定期检测的。

4. 未为从业人员提供符合国家标准或者行业标准的劳动防护用品的。

5. 危险物品的容器、运输工具，以及涉及人身安全、危险性较大的海洋石油开采特种设备和矿山井下特种设备未经具有专业资质的机构检测、检验合格，取得安全使用证或者安全标志，投入使用的。

6. 使用应当淘汰的危及生产安全的工艺、设备的。

（二）对从业人员的事故责任追究

生产经营单位的从业人员不服从管理，违反安全生产规章制度或者操作规程的，由生产经营单位给予批评教育，依照有关规章制度给予处分；构成犯罪的，依照刑法有关规定追究刑事责任。

# 第二节　相关法律法规、标准

## 一、《中华人民共和国劳动法》

《中华人民共和国劳动法》适用于我国境内的企业、个体经济组织（即用人单位）和与之形成劳动关系的劳动者，其宗旨是为了保护劳动者的合法权益，调整劳动关系，建立和维护适应社会主义市场经济的劳动制度，促进经济发展和社会进步。

（一）劳动权利和劳动义务

劳动者享有平等就业和选择职业的权利、取得劳动报酬的权利、休息休假的权利、获得劳动安全卫生保护的权利、接受职业技能培训的权利、享受社会保险和福利的权利、提请劳动争议处理的权利以及法律规定的其他劳动权利。劳动者应当完成劳动任务，提高职业技能，执行劳动安全卫生规程，遵守劳动纪律和职业道德。

用人单位应当依法建立和完善规章制度，保障劳动者享有劳动权利和履行劳动义务。

劳动者在劳动过程中必须严格遵守安全操作规程。劳动者对用人单位管理人员违章指挥、强令冒险作业，有权拒绝执行；对危害生命安全和身体健康的行为，有权提出批评、检举和控告。

（二）订立劳动合同

建立劳动关系应当订立劳动合同。

劳动合同应当以书面形式订立，并具备以下条款：①劳动合同期限；②工作内容；③劳动保护和劳动条件；④劳动报酬；⑤劳动纪律；⑥劳动合同终止的条件；⑦违反劳动合同的责任。

（三）国家的工时制度

国家实行劳动者每日工作时间不超过八小时、平均每周工作时间不超过四十四小时的工时制度。

用人单位由于生产经营需要，经与工会和劳动者协商后可以延长工作时间，一般每日不得超过一小时；因特殊原因需要延长工作时间的，在保障劳动者身体健康的条件下，延长工作时间每日不得超过三小时，但是每月不得超过三十六小时。

（四）劳动安全卫生

用人单位必须建立、健全劳动安全卫生制度，严格执行国家劳动安全卫生规程和标准，对劳动者进行劳动安全卫生教育，防止劳动过程中的事故，减少职业危害。

劳动安全卫生设施必须符合国家规定的标准。

用人单位必须为劳动者提供符合国家规定的劳动安全卫生条件和必要的劳动防护用品，对从事有职业危害作业的劳动者应当定期进行健康检查。

不得安排未成年工从事矿山井下、有毒有害、国家规定的第四级体力劳动强度的劳动和其他禁忌从事的劳动。

从事特种作业的劳动者必须经过专门培训并取得特种作业资格。

（五）职业培训

用人单位应当建立职业培训制度，按照国家规定提取和使用职业培训经费，根据本单位实际，有计划地对劳动者进行职业培训。从事技术工种的劳动者，上岗前必须经过培训。

## 二、《中华人民共和国刑法修正案（六）》

经第十届全国人民代表大会常务委员会第二十二次会议通过并于2006年6月29日公布实施的《中华人民共和国刑法修正案（六）》，对违反安全生产法律、法规和有关规定，因而发生重大伤亡事故或者造成其他严重后果的，明确了直接负责的主管人员和其他直接责任人员的刑事责任和刑事处分规定。

（一）违反安全管理规定

在生产、作业中违反有关安全管理的规定，因而发生重大伤亡事故或者造成其他严重后果的，处三年以下有期徒刑或者拘役；情节特别恶劣的，处三年以上七年以下有期徒刑。

（二）强令他人违章冒险作业

强令他人违章冒险作业，因而发生重大伤亡事故或者造成其他严重后果的，处五年以下有期徒刑或者拘役；情节特别恶劣的，处五年以上有期徒刑。

（三）安全生产设施或者安全生产条件不符合国家规定

安全生产设施或者安全生产条件不符合国家规定，因而发生重大伤亡事故或者造成其他严重后果的，对直接负责的主管人员和其他直接责任人员，处三年以下有期徒刑或者拘役；情节特别恶劣的，处三年以上七年以下有期徒刑。

（四）不报或者谎报事故

在安全事故发生后，负有报告职责的人员不报或者谎报事故情况，贻误事故抢救，情节严重的，处三年以下有期徒刑或者拘役；情节特别严重的，处三年以上七年以下有期徒刑。

## 三、《中华人民共和国消防法》

《中华人民共和国消防法》确立了我国"预防为主、防消结合"的消防工作方针，按照政府统一领导、部门依法监管、单位全面负责、公民积极参与的原则，实行消防安全责任制。焊接与热切割作业必须重视预防火灾和减少火灾危害，保护人身、财产安全，维护公共安全。

（一）单位和个人消防义务

任何单位和个人都有维护消防安全、保护消防设施、预防火灾、报告火警的义务。

（二）单位的消防安全职责

机关、团体、企业、事业等单位应当履行下列消防安全职责：

1.落实消防安全责任制，制定本单位的消防安全制度、消防安全操作规程，制定灭火和应急疏散预案。

2.按照国家标准、行业标准配置消防设施、器材，设置消防安全标志，并定期组织检验、维修，确保完好有效。

3.对建筑消防设施每年至少进行一次全面检测，确保完好有效，检测记录应当完整准确，存档备查。

4.保障疏散通道、安全出口、消防车通道畅通，保证防火防烟分区、防火间距符合消防技术标准。

5.组织防火检查，及时消除火灾隐患。

6.组织进行有针对性的消防演练。

7.法律、法规规定的其他消防安全职责。

重点消防单位必须"对职工进行岗前消防安全培训，定期组织消防安全培训和消防演练。"

（三）明火作业的消防安全规定

禁止在具有火灾、爆炸危险的场所吸烟、使用明火。因施工等特殊情况需要使用明火作业的，应当按照规定事先办理审批手续，采取相应的消防安全措施；作业人员应当遵守消防安全规定。

（四）对有火灾危险作业的人员的要求

进行电焊、气焊等具有火灾危险作业的人员和自动消防系统的操作人员，必须持证上岗，并遵守消防安全操作规程。

（五）对消防产品的要求

消防产品必须符合国家标准或行业标准。禁止使用不合格的消防产品以及国家明令淘汰的消防产品。

电器产品、燃气用具的产品标准，应当符合消防安全的要求。

电器产品、燃气用具的安装、使用及其线路、管路的设计、敷设、维护保养、检测，必须符合消防技术标准和管理规定。

（六）消防设施、器材、通道

任何单位、个人不得损坏、挪用或者擅自拆除、停用，不得埋压、圈占、遮挡消火栓或者占用防火间距，不得占用、堵塞、封闭疏散通道、安全出口、消防车通道。人员密集场所的门窗不得设置影响逃生和灭火救援的障碍物。

## 四、《生产安全事故报告和调查处理条例》

国务院颁布的《生产安全事故报告和调查处理条例》是《安全生产法》的重要配套法规。

（一）生产安全事故报告

事故发生后，事故现场有关人员应当立即向本单位负责人报告；单位负责人接到报告后，应当于1小时内向事故发生地县级以上人民政府安全生产监督管理部门和负有安全生产监督管理职责的部门报告。

（二）事故现场保护

事故发生后，有关单位和个人应当妥善保护事故现场及相关证据，任何单位和个人不得破坏事故现场、毁灭相关证据。

因抢救人员、防止事故扩大以及疏通交通等原因，需要移动事故物件的，应当做出标志，绘制现场简图并做出书面记录，妥善保存现场重要痕迹、物证。

（三）事故责任追究

事故发生单位及其有关人员有下列行为之一的，对事故发生单位处100万元以上500万元以下的罚款；对主要负责人、直接负责的主管人员和其他直接责任人员处上一年年收入60%至100%的罚款；属于国家工作人员的，并依法给予处分；构成违反治安管理行为的，由公安机关依法给予治安管理处罚；构成犯罪的，依法追究刑事责任：

1. 谎报或者瞒报事故的。

2. 伪造或者故意破坏事故现场的。

3. 转移、隐匿资金、财产，或者销毁有关证据、资料的。

4. 拒绝接受调查或者拒绝提供有关情况和资料的。

5. 在事故调查中作伪证或者指使他人作伪证的。

6. 事故发生后逃匿的。

**五、《特种作业人员安全技术培训考核管理规定》**

《特种作业人员安全技术培训考核管理规定》已于2010年5月20日以国家安全生产监督管理总局令第30号公布，自2010年7月1日起施行。

1. 特种作业人员条件。

（1）年满18周岁，且不超过国家法定退休年龄。

（2）经社区或者县级以上医疗机构体检健康合格，并无妨碍从事相应特种作业的器质性心脏病、癫痫病、美尼尔氏症、眩晕症、癔症（分离性障碍）、震颤麻痹症、精神病、痴呆症以及其他疾病和生理缺陷。

（3）具有初中及以上文化程度。

（4）具备必要的安全技术知识与技能。

（5）相应特种作业规定的其他条件。

2. 焊接与热切割作业范围。

指运用焊接或者热切割方法对材料进行加工的作业（不含《特种设备安全监察条例》规定的有关作业）。

（1）熔化焊接与热切割作业。指使用局部加热的方法将连接处的金属或其他材料加热至熔化状态而完成焊接与切割的作业。

适用于气焊与气割、焊条电弧焊与碳弧气刨、埋弧焊、气体保护焊、等离子弧焊、电渣焊、电子束焊、激光焊、氧熔剂切割、激光切割、等离子切割等作业。

（2）压力焊作业。指利用焊接时施加一定压力而完成的焊接作业。

适用于电阻焊、气压焊、爆炸焊、摩擦焊、冷压焊、超声波焊、锻焊等作业。

（3）钎焊作业。指使用比母材熔点低的金属材料作钎料，将焊件和钎料加热到高于钎料熔点，但低于母材熔点的温度，利用液态钎料润湿母材，填充接头间隙并与母材相互扩散而实现连接焊件的作业。

适用于火焰钎焊作业、电阻钎焊作业、感应钎焊作业、浸渍钎焊作业、炉中钎焊作业，不包括烙铁钎焊作业。

3. 该规定要求，特种作业人员必须经专门的安全技术培训并考核合格，取得《中华人民共和国特种作业操作证》后，方可上岗作业。特种作业人员应当接受与其所从事的特种作业相应的安全技术理论培训和实际操作培训。已经取得职业高中、技工学校及中专以上学历的毕业生从事与其所学专业相应的特种作业，持有学历证明经考核发证机关同意，可以免予相关专业的培训。

### 六、《工伤保险条例》

《国务院关于修改〈工伤保险条例〉的决定》已经2010年12月20日以中华人民共和国国务院令第586号公布，于2011年1月1日起施行。

本条例对从业人员应享有的工伤保险权利作如下规定：

1. 我国境内的企业、事业单位、社会团体、民办非企业单位、基金会、律师事务所、会计师事务所等组织和有雇工的个体工商户（以下称用人单位）应当依照本条例规定参加工伤保险，为本单位全部职工或者雇工（以下称职工）缴纳工伤保险费。上述组织的职工和个体工商户的雇工，均有依照本条例的规定享受工伤保险待遇的权利。

2. 用人单位应当将参加工伤保险的有关情况在本单位内公示。用人单位和职工应当遵守有关安全生产和职业病防治的法律法规，执行安全卫生规程和标准，预防工伤事故发生，避免和减少职业病危害。职工发生工伤时，用人单位应当采取措施使工伤职工得到及时救治。

3. 用人单位应当按时缴纳工伤保险费。职工个人不缴纳工伤保险费。用人单位缴纳工伤保险费的数额为本单位职工工资总额乘单位缴费费率的积。对难以按照工资总额缴纳工伤保险费的行业，其缴纳工伤保险费的具体方式，由国务院社会保险行政部门规定。

4. 职工有下列情形之一的，应当认定为工伤：

（1）在工作时间和工作场所内，因工作原因受到事故伤害的。

（2）工作时间前后在工作场所内，从事与工作有关的预备性或者收尾性工作受到事故伤害的。

（3）在工作时间和工作场所内，因履行工作职责受到暴力等意外伤害的。

（4）患职业病的。

（5）因工外出期间，由于工作原因受到伤害或者发生事故下落不明的。

（6）在上下班途中，受到非本人主要责任的交通事故或者城市轨道交通、客运轮渡、火车事故伤害的。

（7）法律、行政法规规定应当认定为工伤的其他情形。

5. 职工因工作遭受事故伤害或者患职业病进行治疗，享受工伤医疗待遇。

6. 职工有下列情形之一的，视同工伤：

（1）在工作时间和工作岗位，突发疾病死亡或者在48小时之内经抢救无效死亡的。

（2）在抢险救灾等维护国家利益、公共利益活动中受到伤害的。

（3）职工原在军队服役，因战、因公负伤致残，已取得革命伤残军人证，到用人单位后旧伤复发的。

职工有前款第（1）项、第（2）项情形的，按照本条例的有关规定享受工伤保险待遇；职工有前款第（3）项情形的，按照本条例的有关规定享受除一次性伤残补助金以外的工伤保险待遇。

## 七、《企业安全生产风险公告六条规定》

《企业安全生产风险公告六条规定》2014年12月10日以国家安全生产监督管理总局令第70号公布，自公布之日起施行。六条规定的具体内容如下：

1. 必须在企业醒目位置设置公告栏，在存在安全生产风险的岗位设置告知卡，分别标明本企业、本岗位主要危险危害因素、后果、事故预防及应急措施、报告电话等内容。

2. 必须在重大危险源、存在严重职业病危害的场所设置明显标志，标明风险内容、危险程度、安全距离、防控办法、应急措施等内容。

3. 必须在有重大事故隐患和较大危险的场所和设施设备上设置明显标志，标明治理责任、期限及应急措施。

4. 必须在工作岗位标明安全操作要点。

5. 必须及时向员工公开安全生产行政处罚决定、执行情况和整改结果。

6. 必须及时更新安全生产风险公告内容，建立档案。

## 八、相关安全技术标准与规范

焊接与热切割作业人员不仅须遵循有关法律、法规，还须遵守相应的技术标准、规范、规程。国家标准、行业标准、地方标准、企业标准以及各行各业的技术规范和操作规程，都具有相应的法律效力。焊接与热切割作业所涉及的安全技术标准与规范非常多，这里仅列出一部分。

焊接与热切割作业人员应当严格按照《安全色》（GB 2893—2008）、《安全标志及其使用导则》（GB 2894—2008）、《焊接与切割安全》（GB 9448—1999）、《焊接及相关工艺方法代号》（GB/T 5185—2005）、《气体焊接设备 焊接、切割和类似作业用橡胶软管》（GB/T 2550—2007）、《焊接护具》（GB/T 3609.1—2008）、《自动变光焊接滤光镜》（GB/T 3609.2—2009）、《弧焊变压器防触电装置》（GB 10235—2000）、《不锈钢焊条》（GB/T 983—2012）、《非合金钢及细晶粒钢焊条》（GB/T 5117—2012）、《热强钢焊条》（GB/T 5118—2012）、《碳钢药芯焊丝》（GB/T 10045—2001）等现行安全技术规范以及相关行业的安全规程进行作业。

社会在进步，现代科学技术也在不断发展。随着新技术、新材料、新设备、新工艺的出现，国家就会出台相应的新标准、新规范。焊接与热切割作业人员应该注意更新知识、及时学习、掌握与工种、本岗位有关的新型安全技术知识和操作技能。

# 第二章　焊接与热切割作业基础知识

## 第一节　概述

### 一、焊接与热切割作业的基本原理及分类

（一）基本原理

金属钢结构制造企业常需要将两个或两个以上的零件按一定的形状和尺寸连接在一起，这种连接方法可分两大类，一类是可拆卸的连接，就是不必损坏被连接体本身就可以将它们分开，如铆钉连接、螺栓连接等。另一类连接是永久性连接，即必须在毁坏零件后才能拆卸。

焊接就是通过加热或加压，或两者并用，并且使用或不用填充材料，使工件达到结合的方法。

为了获得牢固的结合，在焊接过程中必须使被焊件彼此接近到原子间的力能够相互作用的程度。为此，在焊接过程中，必须对需要结合的地方通过加热使之熔化，或者通过加压（或者先加热到塑性状态后再加压），使之造成原子或分子间的结合与扩散，从而达到不可拆卸的连接。

（二）焊接方法的分类

按照焊接过程中金属所处的状态及工艺特点，可将焊接方法分为熔化焊、压力焊和钎焊三大类。

熔化焊是利用局部加热的方法将连接处的金属加热至熔化状态而完成的焊接方法。在加热的条件下，增强了金属原子的动能、促进原子间的相互扩散，当被焊金属加热至熔化状态形成液态熔池时，原子之间可以充分扩散和紧密接触，因此冷却凝固后，即

可形成牢固的焊接接头。常用的有气焊、焊条电弧焊、埋弧焊、电渣焊、气体保护焊、等离子弧焊等均属于熔化焊。

压力焊是利用焊接时施加一定的压力而完成焊接的方法。此类焊接有两种形式：一是将被焊金属接触部分加热至塑性状态或局部熔化状态，然后施加一定的压力，以使金属原子间相互结合形成牢固的焊接接头，如锻焊、接触焊、摩擦焊和气压焊等就是这类型的压力焊方法。二是不进行加热，仅在被焊金属接触面上施加足够大的压力，再借助于压力所引起的塑性变形，以使原子间相互接近而获得的牢固的压挤接头，这种压力焊的方法有冷压焊、爆炸焊等。

钎焊是把比被焊金属熔点低的钎料金属加热熔化至液态，然后使其渗透到被焊金属接缝的间隙中而达到结合的方法。焊接时被焊金属处于被焊状态，工件只适当地进行加热，没有受到压力的作用，仅依靠液态金属与固体金属之间的原子扩散而形成牢固的焊接接头。钎焊还是一种古老的金属永久连接的工艺，但由于钎焊的金属结合机理与熔焊和压力焊是不同的，且具有一些特殊的性能，因此在现代焊接技术中仍占有一定的地位，常见的钎焊方法有烙铁钎焊、火焰钎焊、感应钎焊等方法。

（三）热切割的方法及分类

按照金属切割过程中加热方法的不同，可以把热切割方法分为火焰切割、电弧切割。

1. 火焰切割。

按加热气源的不同可分为：

（1）气割。气割（即氧–乙炔切割）是利用氧–乙炔混合燃烧的预热火焰加热切割区并借助氧与碳钢的反应使金属迅速氧化，同时用高速切割氧流将熔渣排除，从而形成割缝的切割方法。

（2）液化石油气切割。液化石油气切割的原理与气割相同。不同的是液化石油气的燃烧特性与乙炔气不同，所使用的割炬也有所不同：它扩大了低压氧喷嘴孔径及燃料混合气喷口截面，还扩大了对吸管圆柱部分的孔径。

（3）氢氧源切割。利用水电解氢氧发生器，用直流电将水电解成氢气和氧气，其气体比例恰好完全燃烧，温度可达2800~3000℃，可用于火焰加热和切割。

（4）氧熔剂切割。在气割过程中，通过氧流向切割反应区供送熔剂（铁粉等），利用熔剂的燃烧热将高熔点金属氧化物熔化，同时借高速切割氧流排除熔渣和熔融金属，从而形成割缝的切割方法。

2. 电弧切割。

电弧切割按生成电弧的不同可分为：

（1）等离子弧切割。等离子弧切割是利用高温高速的强劲等离子射流，将被切割金属部位熔化并随即吹除，形成狭窄的切口而完成切割的方法。

（2）碳弧气刨。碳弧气刨是利用碳棒与工件之间产生的电弧将金属熔化，并借助压缩空气气流将熔化金属吹除从而形成槽道或割缝的切割方法。

## 二、焊接与热切割的应用

焊接是目前应用范围较广的金属加工方法，与其他热加工方法相比，它具有生产周期短、成本低、结构设计灵活、用材合理及能够以小拼大等一系列优点，从而在工业、农业及航空业等生产中得到了广泛的应用。如造船、水（火）电站、汽车、石油、桥梁及矿山机械等行业中，焊接已成为不可缺少的加工手段。随着社会的不断发展，被焊接的材料种类也越来越多，除了普通材料外，还有如超高强度钢、活性金属、难熔金属以及各种非金属的焊接。同时，由于各类产品日益向着高参数（高温、高压、高寿命）、大型化方向发展，焊接结构越来越复杂，焊接工作量也越来越大，对焊接过程中的质量要求、生产效率等提出了更高的要求，同时也推动了焊接新技术的不断发展，使它在生产过程中发挥其应有的作用。

### 三、焊接与热切割安全技术的重要性

随着我国生产建设的不断发展，焊接技术在各个领域应用越来越广，与此同时，伴随出现的各种危险有害因素也严重地威胁着焊工及其他作业人员的安全与健康。为切实提高特种作业人员的安全技术水平，防止和减少伤亡事故，国家安全生产监督管理总局第30号令《特种作业人员安全技术培训考核管理规定》中明确规定：焊接与热切割作业属特种作业，从事特种作业者，称特种作业人员。特种作业人员必须与工种相适应，并经安全技术培训和实际操作训练，通过考核合格后方可独立作业。

特种作业是指容易发生事故，对操作者本人、他人的健康及设施的安全可能造成重大危害的作业，直接从事这些作业的人员，即特种作业人员的安全技术水平对于安全状况是至关重要的，许多重、特大事故就是因为这类作业人员的违章操作造成的，因此《安全生产法》等法律法规对特种作业人员的培训、考核、管理、发证等提出了具体的要求。

特种作业人员在焊接与热切割的工作过程中会与各种易燃易爆气体、压力容器和电机电器接触。在焊接和切割过程中会产生各种有毒气体、金属粉尘、弧光辐射、高频电磁场、噪声和辐射等。这些危害因素在一定条件下会引起爆炸、火灾、触电、烫伤以及急性中毒（锰中毒）、血液疾病、电光性眼炎和皮肤病等职业危害；此外还可能危及设备、厂房和周围人员的安全。

学习焊接与热切割安全技术的目的在于加强有关管理人员、操作人员熟练掌握焊接操作的基本原理，操作安全及防护的方法，严格执行有关标准及各项有关安全操作规程，保证在生产过

程中以及遇到紧急情况时能够及时做出适当的处理，保护作业人员自身及周围人员和厂房设备不遭到损害。随着焊接新技术的不断出现，保障安全生产的措施也要不断地发展才能适应安全工作的需要。焊接安全技术研究的主要内容是防火、防爆、防触电以及在尘毒、磁场、辐射等条件下如何保障操作人员的安全生产。操作人员只有详细了解焊接生产过程的特点和焊接工艺、工具及操作方法，才能深刻地理解和掌握焊接安全技术的措施，严格地执行安全规程和实施防护措施，从而保障安全生产，避免事故的发生。

## 第二节　焊接与热切割作业安全用电要求

在进行焊接与热切割作业时，常常会用到各种型号的焊接设备，而它们的空载电压一般在 50～90V，有的甚至超过 300V。焊接现场有大量的金属材料，而焊接切割作业人员是在带电的环境中工作，如果不注意安全用电，极有可能造成严重的触电伤亡事故，本节着重介绍焊接与热切割安全用电要求。

### 一、安全用电

从人身安全的意义来说，人体持续接触而不会致人伤亡的电压称为安全电压。但电气安全技术所规范的安全电压是为防止触电事故而采用的特定电源供电的电压系列。其内容包括：一是采用安全电压可防止触电事故的发生；二是安全电压必须由特定的电源供电；三是安全电压有一系列的数值，它们各适用于一定的用电环境。根据不同环境来选用相应额定值的安全电压作为供电电压，对于经常接触和操作移动式电动器具（如电灯、手电钻等）的人来说，是一项防止触电伤亡事故的重要技术措施。

人体触电就是电压冲破了人体电阻，电流通过人体造成触电。由于健康人能承受的电流一般为 30mA，因此在正常状态下，且人的皮肤干燥时，我们取得人体电阻值为1700Ω，根据欧姆定律计算出安全电压值U=I×R=0.03×1700≈50V，即安全电压上限值为50V。为确保安全，我国规定安全电压为36V（干燥环境），潮湿环境或人体出汗时安全电压为12V，水下作业时安全电压为2.5V。

## 二、电流的危害

通过人体的电流越大，人体的生理反应越强烈，对人体的伤害就越大。按照人体对电流的生理反应强弱和电流对人体的伤害程度，可将电流大致分为感知电流、摆脱电流和致命电流三级。感知电流是指能引起人体感觉但无危害的生理反应最小电流值；摆脱电流是指人触电后能自主摆脱电源而无病理性危害的最大电流；致命电流是指能引起心室颤动而危及生命的最小电流。上述这几种电流的数值与触电对象的性别、年龄、触电时间及触电环境等因素有关。

## 三、对焊接切割设备的保护接零

在工厂使用的380V低压电网路为三相四线制，零线接地，若设备不接零线，当一相碰触壳后又和人体接触时通过人体的漏电电流就会超过安全电流，但该电流又不足以切断焊机的熔断器。

长时间存在漏电触电将会造成人员死亡。焊机采用保护接零后可避免人体触电。保护接零的原理：用导线的一端接到零线上，另一端接焊机外壳，一旦焊机因绝缘损坏导电体接触到外壳时，绝缘损坏的一相就与零线短路，产生强大的短路电流，使该相保险丝熔断，外壳带电现象立刻终止，起到了保护作用。

## 四、对焊接切割设备的保护接地

在不接地的低压系统中，当一相碰触壳时，人体接触带电设备，电流通过人体、电网对地绝缘电阻、漏电电阻形成回路，若电网对地绝缘很好的话，电阻非常大，漏电电流很小，危险性不大，但是当电网绝缘性能下降时，对地电压可能上升到对人体危险程度。为了确保安全，应采取接地措施。

## 五、安全要求

### （一）对设备电源的安全要求

1. 焊接电源的空载电压在满足焊接工艺要求的同时，应考虑有利于焊工操作安全。

2. 焊接电源必须有足够的容量和单独的控制装置，如熔断器或自动断电装置；控制装置应能可靠地切断设备的危险电流，并安置在操作方便的地方，周围留有通道。

3. 焊机所有外露带电部分必须有完好的隔离防护装置，如防护罩、绝缘隔离板等。

4. 焊机各个带电部分之间，及其外壳对地之间必须符合绝缘标准的要求，其电阻值均不小于1MΩ。

5. 焊机的结构要合理，便于维修，各接触点和连接件应牢靠。

6. 焊机不带电的金属外壳，必须采用保护接零或保护接地的防护措施。

### （二）焊接、切割设备保护接零和保护接地的安全要求

1. 在低压系统中，焊机的接地电阻不得大于4Ω。

2. 焊机的接地电阻可用打入地里深度不小于1m、电阻不大于4Ω的铜棒或铜管做接地板。

3. 焊接变压器的二次线圈与焊件相连的一端必须接零（或接地）。注意：与焊钳相连的一端不能接零（或接地）。

4. 用于接地和接零的导线，必须满足容量的要求；中间不得有接头，不得装设熔断器，连接时必须牢固。

5. 几台设备的接零线(或接地线)，不得串联接入零干线或接地体，应采用并联方式接零线（或接地体）。

6. 接线时，先接零干线或接地体，后接设备外壳，拆除时相反。

# 第三节　焊接与热切割作业的防火防爆

## 一、燃烧

燃烧（着火）是一种放热发光的激烈氧化反应。如果只有放热发光而没有氧化反应的不能叫燃烧，如灼热的钢材虽然放热发光，但这是物理现象，不是燃烧；而放热或不发光的氧化反应，如金属生锈、生石灰遇水放热等现象，也不能叫燃烧。

（一）燃烧的必要条件

发生燃烧必须同时具备三个条件，即可燃物质、助燃物质和着火源。亦即发生燃烧的条件必须是可燃物质和助燃物质同时存在，并有能导致着火的火源，如火焰、电火花、灼热的物体等。

1. 可燃物质。

凡能与氧和其他氧化剂发生剧烈氧化反应的物质，都称为可燃物质。就其存在的状态可分为固态可燃物、液态可燃物、气态可燃物三类；按其组成的不同又可分为无机可燃物（如氢气、一氧化碳等）和有机可燃物（如甲烷、乙炔等）两类。

物质的可燃性质是随着条件的变化而变化的，大块的铝、镁粉不但能自燃，而且还有爆炸性。

2. 助燃物质。

凡是能与可燃物质发生化学反应并起助燃作用的物质称为助燃物，如空气、氧气、氟和溴等。

可燃物质完全燃烧，必须要有充足的空气（氧在空气中约占

21%），如燃烧1kg石油需要10~12m³空气。如果缺乏空气，燃烧就不完全。

3. 着火源。

凡能引起可燃物质的热能，都叫着火源。要使可燃物质起化学变化而发生燃烧，需要有足够的热量和温度，各种不同的可燃物质燃烧时所需的温度和热量各不相同。着火源主要有下列几种：

（1）明火，如火柴和打火机的火焰、油灯火、炉火、喷灯火、烟头火及焊接、气割时的动火等（包括灼热铁屑和高温金属）。

（2）电气火，电花火（电路开启、切割、保险丝熔断等），电气线路超负荷、短路，接触不良；电炉丝、电热器、电灯泡；红外线灯、电熨斗等。

（3）摩擦、冲击产生的火花。

（4）静电荷产生的火花。电解质相互摩擦、剥离或金属摩擦生成的，如液体、气体，沿导管流动，气体高速喷出产生静电。

（5）雷电产生的火花，分直接雷击和感应雷电。

（6）化学反应热，包括本身自燃、遇火燃烧与其他抵触性物质接触起火。

可燃物、助燃物和着火源构成燃烧的三个要素，缺少其中任何一个要素便不能燃烧。燃烧反应在浓度、压力、组成和着火源等方面都存在着极限值，如果可燃物未达到一定浓度，或助燃物数量不足，或着火源不具备足够的温度热量，那么，即使具备了三个条件，燃烧也不会发生。对于已着火的燃烧，若消除其中任何一个要素，燃烧便会终止，这就是灭火的基本原理。

（二）燃烧的过程及类型

1. 燃烧的过程。

可燃物质的燃烧一般是在蒸气或气体状态下进行的。由于可燃物质的状态不同，其燃烧的特点也不同。

气体容易燃烧，只要达到其本身氧化分解所需的热量便能迅速燃烧，在极短的时间内全部烧光。

液体在火源作用下，首先使其蒸发，然后蒸气被氧化分解进而燃烧。

固体燃烧，如果是简单物质，如硫、磷等受热时首先被熔化，然后蒸发、燃烧，没有分解过程。若是复杂物质，在受热时首先分解成气态和液态产物，然后气态产物和液态产物的蒸气着火燃烧。

2. 燃烧的类型。

（1）闪燃。各种液体的表面都有一定量的蒸气。蒸气的浓度取决于该液体的温度。可燃液体表面或容器内的蒸气与空气混合形成混合可燃气体或可燃液体，遇明火会发生一闪即灭的瞬间火苗或闪光，这种现象叫闪点（闪点的概念主要适用于可燃性液体）。当可燃性液体温度高于其闪点时，则随时都有闪燃的危险。

不同的可燃液体有不同的闪点，闪点越低，火险越大。它是评定液体火灾危险性的主要依据。

（2）着火。所谓的着火，则是可燃物质遇火源能燃烧，并且在火源移去后仍能保持持续燃烧的现象。着火与可燃性物质的燃点有关。可燃性物质发生着火的最低温度，称为着火点或燃点。

（3）受热自燃。可燃物质在外部条件的作用下，温度升高，当升到其自燃点时，即着火燃烧，这种现象称为受热自燃。受热自燃与物质的自燃点有关。自燃点是指物质（不论是固态、液态或气态）在没有外部火花和火焰的条件下，能自动引燃和继续燃烧的最低温度。

物质的自燃点越低，发生火灾的危险越大。物质受热自燃是发生火灾的一种主要原因，掌握物质的自燃点，对防火工作有重要的实际意义。

（4）本身自燃。能自燃的植物有：稻草、麦秆、木屑、籽棉、麻等。植物的自燃是由于生物、物理和化学作用引起的。植物油有较大的自燃性，动物油次之，纯粹的矿物油不能自燃，引起油脂自燃的内因是油脂中含有不饱和脂肪酯、甘油酯，其不饱和程度越大，含量越多，则油脂的自燃能力就越大，这种不饱和化合物在空气中容易发生氧化发热作用。引起油脂自燃的外因：有较大的氧化表面（如浸油的纤维物质）、有空气、具备蓄热的条件。烟煤、褐煤、泥煤和硫化铁等也能自燃。

## 二、爆炸

爆炸，是物质在瞬间以机械功的形式释放出大量气体和能量的现象。爆炸就其过程可分为物理性爆炸（以物理变化为主的爆炸，如高压容器的破裂）和化学性爆炸（与化学反应有关的爆炸，如爆燃，聚合、分解及反应迅猛引起的爆炸）两大类。另外还有核爆炸以及物理及化学作用综合在一起的爆炸。

（一）物理性爆炸与化学性爆炸

1. 物理性爆炸。是由于物理变化引起的。如蒸汽锅炉的爆炸，是由于过热的水迅速变化为蒸汽，且蒸汽压力超过锅炉的强度极限后而引起的，其破坏程度取决于锅炉蒸汽压力。发生物理爆炸的前后，爆炸物质的性质及化学成分均不改变。

2. 化学性爆炸。是由于物质在极短的时间内完成的化学变化，形成其他物质，同时放出大量热量和气体的现象。例如用于制作炸药的硝化棉在爆炸时发出大量的热量，同时产生大量的气体（一氧化碳、二氧化碳、氢气和水蒸气等）。爆炸时的体积会突然增大到47万倍，在几万分之一秒内完成燃烧。由于一方面生成大量气体和热量，另一方面燃烧的速度又极快，在瞬间内生成的气体来不及膨胀和扩散，仍然被约束在原有较小的空间内。众所周知，气体的压力同体积成反比，即 $PV=K$（常数），气体的体积越小，则压力就越大，而且这压力产生极快，即使坚固的钢板，坚硬的岩石也承受不住。同时，爆炸还会产生强大的冲击波，这种冲击波不仅能推倒建筑物，对在场人员还具有杀伤作用。

发生化学性爆炸的物质，按其特性可分为两类：一类是炸药；另一类是可燃物质与空气形成的爆炸性混合物。如可燃气体、蒸气及粉尘的爆炸性混合物都属于后一类。

我们把存在的易燃易爆物品、易燃易爆物品与空气等氧化剂混合达到的浓度在爆炸极限之内和火源的存在称为发生化学爆炸的三个最基本条件。

（二）爆炸极限

可燃物质与空气的混合物，在一定的浓度范围内遇火源才能发生爆炸。可燃物质在混合物中发生爆炸的最低浓度称为爆炸下限；反之，则为爆炸上限，在低于下限和高于上限的浓度时，是不会发生着火爆炸的。爆炸下限和爆炸上限之间的范围，称为爆炸极限（又称爆炸范围）。

爆炸极限，一般用可燃气体或蒸气在空气或氧气混合物中的体积百分数来表示，有时也用单位体积气体中可燃物的含量来表示（g/m³）。爆炸混合物的温度、压力、含氧量及火源能量等数量的增大，都会使爆炸极限范围扩大。从爆炸极限的范围大小，可以评定可燃气体、蒸气或粉尘的火灾及爆炸危险性。爆炸下限较低的可燃气体、蒸气或粉尘，危险性较大，爆炸极限的幅度越宽，其危险性就越大。

（三）化学性爆炸的必要条件

化学性爆炸必须同时具备以下三个条件时才能发生：①可燃易爆物；②可燃易爆物与空气混合及达到爆炸极限，形成爆炸性混合物；③爆炸性混合物在火源的作用下。防止化学性爆炸的全部措施的实质就是制止上述三个条件的同时存在。

**三、焊接与切割作业防火防爆措施**

1. 在焊接与切割现场要有必要的防火设备和器材，如消火栓、沙箱、灭火器等。电气设备失火，应立即切断电源，采用干粉灭火器。

2. 禁止在储有易燃、易爆物品的房间或场地进行焊接。在可燃性物品附近进行作业时，必须有一定的安全距离，一般距离应大于10m。

3. 严禁焊接有可燃性液体、可燃性气体及具有压力的容器、管道、带电的设备。

4. 对于存在有残余油脂、可燃液体、可燃气体的容器，应先用蒸汽吹洗，然后开盖检查，确认干净时，方能进行焊接。对密封容器不准进行焊接。

5. 在周围空气中含有可燃气体和可燃粉尘的环境中，严禁焊接作业。

## 第四节　电气安全知识

### 一、触电的危害及事故种类

触电事故是由电流形式的能量造成的事故（如图2-1所示），可分为电击和电伤。

图2-1　触电

（一）电击

电击是电流对人体内部组织最危险的一种伤害，绝大多数（大约85%以上）的触电死亡事故都是由电击造成的。

电击的主要特征有：

1. 神经系统受到刺激（如图2-2所示）。

2. 伤害人体内部（如图2-3所示）。

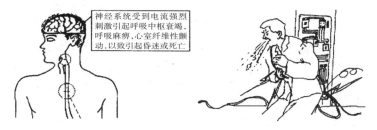

神经系统受到电流强烈刺激引起呼吸中枢衰竭，呼吸麻痹，心室纤维性颤动，以致引起昏迷或死亡

图2-2　神经系统受到刺激　　图2-3　电击伤害人体内部

3. 在人体的外表没有显著的痕迹。

按照发生电击时电气设备的状态，电击可分为直接接触电击和间接接触电击：

（1）直接接触电击：指触及设备和线路正常运行时的带电体发生的电击（如误触接线端子发生的电击）（如图2-4所示）。

（2）间接接触电击：指触及正常状态下不带电，而当设备或线路故障时意外带电的导体发生的电击（如图2-5所示）。

图2-4　直接接触电击　　图2-5　间接接触电击

（二）电伤

电伤是由电流的热效应、化学效应、机械效应等效应对人造成的伤害（如图2-6所示）。

1. 电弧烧伤是由弧光放电造成的伤害，是带电体与人体之间发生电弧，有电流流过人体的烧伤，包含熔化了的炽热金属溅出造成的烫伤（如图2-7所示）。

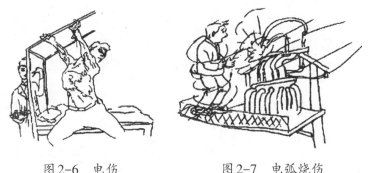

图2-6　电伤　　　　　　　图2-7　电弧烧伤

2. 电弧温度高达8000℃以上，可造成大面积、大深度的烧伤，甚至烧焦、烧掉四肢及其他部位（如图2-8所示）。

3. 大电流通过人体，也可能烘干、烧焦机体组织。电烙印是在人体与带电体接触的部位留下的永久性斑痕。斑痕处皮肤失去原有弹性、色泽，表皮坏死，失去知觉（如图2-9所示）。

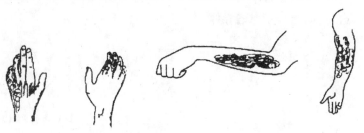

图2-8　手部烧伤　　　　　图2-9　手臂电烙印

4. 机械性损伤是电流作用于人体时，由于中枢神经反射和肌肉强烈收缩等作用导致的机体组织断裂、骨折等伤害。

5. 电光眼是发生弧光放电时，由红外线、可见光、紫外线对眼睛造成的伤害。

## 二、触电事故方式

按照人体触及带电体的方式和电流流过人体的途径，电击可分为单相触电、两相触电和跨步电压触电。

（一）单相触电

当人体直接碰触带电设备其中的一相时，电流流过人体流入大地，这种触电现象称为单相触电（如图2-10所示）。

若人体电阻按照1000Ω计算，则在220V中性点接地的电网中发生单项触电时，流过人体的电流将达220mA，已大大超过人体的承受能力；即使在110V系统中触电，通过人体的电流也达110mA，仍可能危及生命（如图2-11所示）。

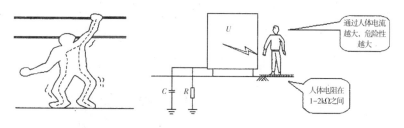

图2-10　单相触电　　　　图2-11　电流通过人体

单项触电是危险的。如高压架空线断线，人体触碰断落的导线往往会导致触电事故。此外，在高压线路周围施工，未采取安全措施，触碰高压导线触电的事故也时有发生。

（二）两相触电

人体同时接触带电设备或线路中的两相导体，或在高压系统中，人体同时接近不同相的两相带电导体，而发生电弧放电，电流从一相导体通过人体流入另一相导体，构成一个闭合回路，这种触电方式称为两相触电（如图2-12所示）。

（三）跨步电压触电

当电气设备发生接地故障，接地电流通过接地体流向大地。在地面上形成电位分布时，若人在接地短路点周围行走，其两脚之间的电位差，就是跨步电压（如图2-13所示）。

图2-12　两相触电　　　　图2-13　跨步电压触电

雷雨天防雷装置接受雷击时，极大的流散电流在其接地装置附近地面各点产生的电位差会造成跨步电压电击（如图2-14所示）；高大设施或高大树木遭受雷击时，极大的流散电流在附近地面各点产生的电位差也会造成跨步电压电击（如图2-15所示）。

图2-14　恶劣天气

图2-15　跨步电压电击

　　跨步电压的大小受接地电流的大小、鞋和地面特征、两脚之间的跨距、两脚的方位以及离接地点的远近等很多因素的影响。人两脚之间的跨距一般按0.8m考虑。

　　由于跨步电压受很多因素的影响以及地面电位分布的复杂性，几个人在同一地带（同一棵大树下或同一故障接地点附近）遭到跨步电压电击完全可能出现截然不同的后果。

### 三、触电救护

　　触电救护必须分秒必争，一旦发现触电事故应立即就地迅速采用心肺复苏法进行抢救，抢救方法要得当。同时尽快联系医疗部门，争取医务人员接替救治。在医务人员未接替救治前，不应放弃现场抢救，除非医生出示伤员死亡的诊断。

　　（一）脱离电源

　　触电急救，首先要使触电者迅速脱离电源。因为电流作用的时间越长，伤害越重。

　　1. 脱离电源就是把触电者接触的那一部分带电设备的开关、闸刀或其他短路设备断开（如图2-16所示）。

　　2. 触电者未脱离电源前，救护人员不准触及伤员，以防触电。

　　3. 触电者处于高处，解脱电源后会自高处坠落，因此，要采取预防措施（如图2-17所示）。

图2-16 拉闸断电                 图2-17 高处坠落

4. 触电者触及低压带电设备，救护人员应设法迅速切断电源，或使用绝缘工具、干燥的木棒、木板、绳索等不导电的东西解脱触电者（如图2-18所示）。

5. 如果电流通过触电者入地，并且触电者紧握电线，可设法用干木板塞到身下，与地隔离（如图2-19所示），也可用干木把斧子或有绝缘柄的钳子等将电线剪断。剪断电线要分相，一根一根地剪断，并尽可能站在绝缘物体或干木板上。

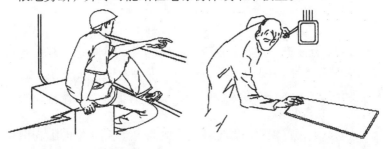

图2-18 低压触电           图2-19 通过绝缘物隔离

6. 如果触电发生在架空线杆塔上，如系低压带电线路，若可能立即切断线路电源的，应迅速切断电源。或者由救护人员迅速登杆塔，系好自己的安全带后，用带绝缘胶棒的适当长度的木杆，使电源开关跳闸。

7. 如果触电者触及断落在地上的带电高压导线，且尚未确证线路无电，救护人员在未做好安全措施（如穿绝缘靴或临时双脚并紧跳跃接近触电者）前，不能接近断线点 8~10m 范围内，防止跨步电压伤人（如图2-20所示）。

不能接近至断线点8~10m 范围内，防止跨步电压伤人

图 2-20　跨步电压伤人

8. 救护触电伤员切除电源时，应考虑事故照明、应急灯等临时照明。

（二）伤员脱离电源后的处理

1. 伤员的应急处置。

触电伤员如神志清醒者，应使其就地平躺，严密观察，暂时不要站立或走动。

触电伤员如神志不清者，应就地仰面平躺，且确保气道通畅，并用5s时间，呼叫伤员或轻拍其肩部，以判定伤员是否意识丧失。

2. 呼吸、心跳情况的判定。

触电伤员若意识丧失，应在10s内，用看、听、试的方法判定伤员呼吸心跳情况。

看——看伤员的胸部、腹部有无起伏动作。

听——用耳贴近伤员的口鼻处，听有无呼气声音。

试——试测口鼻有无呼气的气流。再用手指轻试一侧（左或右）喉结旁凹陷处的颈动脉有无搏动。若看、听、试结果，即无呼吸又无颈动脉搏动，可判定呼吸、心跳停止（如图2-21所示）。

图2-21　呼吸、心跳情况的判断

（三）心肺复苏法

心肺复苏法包括口对口（鼻）人工呼吸、胸外按压（人工循环）等，正确进行抢救。

1. 通畅气道（如图2-22所示）。

严禁用枕头或其他物品垫在伤员头下（易使气道阻塞），应使其头部抬高前倾（仰头抬颏法，使气道通畅）。

a.气道通畅　　　　　　　　b.气道阻塞

图2-22　通畅气道

2. 口对口（鼻）人工呼吸（如图2-23所示）。

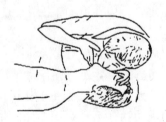

图2-23　人工呼吸

3. 胸外按压。

（1）正确的按压位置是保证胸外按压效果的重要前提。确定正确按压位置的步骤为：右手的食指和中指沿触电伤员的右侧肋弓下缘向上，找到肋骨和胸骨接合处的中点；两手指并齐，中指放在切迹中点(剑突底部)，食指平放在胸骨下部；左手的掌根紧挨食指上缘，置于胸骨上，即为正确按压位置（如图2-24所示）。

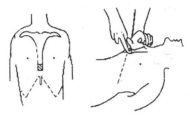

图2-24　胸外按压

（2）正确的按压姿势是达到胸外按压效果的基本保证。

（3）操作频率：胸外按压要以均匀的速度进行，每分钟80次左右，每次按压和放松的时间相等。

（四）抢救过程中伤员的移动、转院与伤员好转后的处理

1. 心肺复苏应在现场就地坚持进行，不要为方便而随意移动伤员。

2. 移动伤员或将伤员送医院时，应使伤员平躺在担架上搬运（如图2-25所示）。

a.正常担架　　　　b.临时担架及木板　　　　c.错误搬运

图2-25　搬运伤员

# 第三章 常用焊接与热切割安全技术

## 第一节 气焊与热切割

### 一、气焊原理

气焊是利用氧气与可燃气体，经混合后从焊炬喷嘴中喷出，然后点燃火焰，使其发生强烈的氧化燃烧，以此产生的热量来熔化待焊部位和焊丝而达到金属（或非金属）原子间永久性连接的方法。

（一）气焊的设备及工具

气焊的常用设备包括氧气瓶、乙炔瓶（或其他可燃气瓶）、回火防止器等。工具包括焊炬、减压器以及胶管等。

（二）常用气体及氧-乙炔火焰

常用助燃气体为氧气，可燃气体有乙炔、氢气、液化石油气、煤气及金火焰等。

氧-乙炔火焰按气体的比例不同可分为三类：

1. 氧化焰：是指燃料中全部可燃成分在氧气充足的情况下达到完全燃烧，燃料产物中没有游离碳及一氧化碳、氢气等可燃成分的一种无烟火焰。由焰芯和外焰两部分组成，氧气与乙炔气的比值大于1.2。它的最高燃烧温度可达3100～3300℃。

2. 中性焰：是指在燃烧过程中，氧气量的供给量恰好等于气体完全燃烧的需氧量，燃烧后的产物中既没有多余的氧气也没有因缺氧而生成的一氧化碳等还原性气体的火焰。由焰芯、内焰和外焰三部分组成，氧气与乙炔气的比值在1.1～1.2之间。离焰芯3mm处温度可高达3100～3200℃。

3. 碳化焰：是氧与乙炔的体积的比值小于1.1时的混合气燃烧形成的气体火焰，因为乙炔有过剩量，所以燃烧不完全。另外碳化焰中含有游离碳，具有较强的还原作用和一定的渗碳作用。碳化焰由焰芯、内焰和外焰三部分组成，氧气与乙炔气的比值小于1.1。燃烧时最高温度可达2700~3000℃。

（三）气焊熔剂

熔剂（焊粉）：熔剂是氧-乙炔焊接时的助熔剂。它的主要作用是消除坡口及焊丝表面的有害杂质，与金属中的氧、硫化合，使金属还原，补充合金元素，起到合金化的作用。

## 二、气割原理

氧-乙炔气割在金属结构中运用最广，它是利用助燃气体与可燃气体混合燃烧的预热火焰，将金属加热到熔化温度，然后打开高压氧气阀（切割阀），将金属切割分开的加工方法。

气割的必备条件：

1. 气割时金属氧化物的熔点应低于金属的熔点。
2. 金属在气割氧流中的燃烧应是放热反应。
3. 金属在氧气中的燃烧点应低于其熔点。
4. 金属中阻碍气割过程和提高钢的可淬性的杂质要少。
5. 金属导热性不能过高。

## 三、气焊（割）作业的危险因素

作业过程中存在火灾和爆炸等危险。气焊与气割的原理虽然不同，但所用的设备、材料基本相同，安全特点极为类似，故划为一类。

## 四、气焊（割）作业人员安全操作技术

1. 气焊、气割操作人员必须进行安全技术培训，取得操作

合格证后，方可独立工作。

2. 在禁火区内焊割，必须先办妥动火审批许可证，方可作业。

3. 检查焊割器具是否完好，性能是否正常。

4. 减压表不得沾染油脂，并定期检查，保证计量准确。

5. 工作时正确穿戴好防护用品。

6. 登高作业前，应检查脚手架、防火安全带及作业下方是否安全，并防止物件坠落伤人。

7. 气瓶不得剧烈震动，要固定使用，避免阳光曝晒。

8. 严禁将正在燃烧的焊、割炬随意放置。

9. 在容器内交替使用气焊和气割时，要在容器外点火，容器内不得存放焊、割炬。

10. 在密闭的容器及舱室内作业时，应先打开其孔、洞、窗，使内部空气流通，并设专人监护。

11. 禁止用氧气对局部焊接部位进行通风换气，不准用氧气代替压缩空气吹扫工作服及乙炔管道内的堵塞物，或用作试压及气动工具的气源。

12. 氧气瓶要远离明火并保持10m以上的距离，与乙炔瓶保持5m以上的距离。

13. 减压器安装前先将气瓶阀稍稍打开，吹除瓶口处污物，安装后检查压力表是否正常，接头是否漏气。

14. 开启氧气瓶阀时，人站在瓶嘴侧面，动作应缓慢，乙炔瓶必须直立固定，不准横卧放。

15. 发现减压器冻结，可用低于40℃的热水解冻，严禁用明火烘烤。

16. 瓶内气体不可全部用尽，氧气瓶必须留有0.1MPa以上的剩余压力，乙炔瓶必须留有0.01MPa以上的剩余压力。

## 第二节　焊条电弧焊与电弧切割

### 一、焊条电弧焊原理

焊条电弧焊是利用电弧放电所产生的高温，将焊条与待焊金属部位熔化，冷凝后形成焊缝，以获得牢固的焊接接头的过程。

焊接电弧是在熔化的电极和工件之间燃烧，电弧和焊接熔池是通过焊条产生的气体和熔渣的保护来防止外部空气的侵入。

### 二、电弧切割原理

电弧切割分碳弧气刨、碳弧刨割条和等离子弧切割三种方法。

1. 碳弧气刨：是利用碳极电弧的高温，把金属局部加热到熔化状态，同时用压缩空气的气流将熔化金属吹掉，达到金属切割的一种方法。

2. 碳弧刨割条：碳弧刨割条的外形与普通焊条相同，它是利用药皮在电弧高温下产生的喷射气流，吹除熔化金属的加工方法。

3. 等离子弧切割：等离子弧切割是用等离子弧作为热源、借助高速热离子气体熔化和吹除熔化金属而形成切口的热切割。

### 三、焊条电弧焊与电弧切割作业的危险因素

焊条电弧焊与电弧切割作业过程中可能存在触电、灼伤、火灾和爆炸等危险。它们操作方法虽然不同，但所使用的设备基本相同，安全特点类似，故划为一类。

### 四、焊条电弧焊及电弧切割安全操作技术

1. 焊条电弧焊安全操作技术。

（1）操作人员必须经安全技术培训合格后，方可独立作业。

（2）在禁火区焊接前，必须办理好动火审批许可证，方可作业。

（3）禁止用连接建筑物金属构架和设备等作为焊接电源回路。

（4）不倚靠带电焊件，身体出汗而衣服潮湿时，不准靠在带电的焊件上施焊。

（5）焊工不得擅自安装、检修焊机或更换保险丝等，应由电工操作。

（6）在焊接作业场地10m范围内，不得有易燃易爆物品。

（7）工作前要检查设备、工具的绝缘层有无破损，接地是否良好。

（8）工作时必须按规定穿戴好个人防护用品。

（9）在容器及舱室内焊接要有监护人和通风装置，照明电压为12V。

（10）登高作业前先检查作业点下方是否安全，脚手架是否牢靠，系好标准防火安全带，注意物件坠落伤人。

（11）做好焊机的日常维护保养。

（12）工作结束后检查操作现场，确认安全后方可离开。

2. 电弧切割安全操作技术。

（1）割枪枪体与手触摸部分必须绝缘，切割电源要可靠接地。

（2）电弧切割时电流较大，要防止焊机过载发热。

（3）电弧切割时大量高温液态金属及氧化物从电弧下被吹出，工作时需佩戴毛巾、手套、脚护套等防护用具，防止飞溅的火星对皮肤的烫伤。

（4）在等离子弧切割过程中避免直接目视切割弧，需佩戴专业防护眼镜，避免弧光对眼睛的灼伤，更换切割喷嘴时应先切断电源。

（5）在等离子弧切割过程中会产生大量的烟尘及有害气体，需佩戴多层过滤的防尘口罩，作业场地采取排烟除尘措施，加强通风。

（6）电弧切割时噪声大，操作者应戴耳塞。

（7）在等离子弧切割过程中高频振荡器产生的高频以及电磁辐射，会对身体造成损伤，需做好防护工作。

# 第三节　气体保护焊安全技术

## 一、气体保护焊原理

用焊接气体作为电弧介质并保护电弧和焊接区的电弧焊称气体保护焊。焊接气体包括惰性气体、混合气体和二氧化碳气体。

1. 钨极惰性气体保护焊。

钨极惰性气体保护焊是利用钨极（不熔化电极）和工件之间燃烧的电弧加热金属的一种焊接方法。在焊接过程中用氩气或氦气保护电极和焊接区，可添加或不添加填充金属。

2. 熔化极气体保护电弧焊。

熔化极气体保护电弧焊是采用连续等速送进可熔化的焊丝与被焊工件之间的电弧作为热源来熔化焊丝和母材金属，形成熔池和焊缝的焊接方法。

## 二、气体保护焊作业的危险因素

气体保护焊作业过程中存在触电、灼伤、火灾、爆炸和中毒等可能；使用钨极氩弧焊时还会产生高频电磁场、臭氧、强弧光辐射等危险。

## 三、气体保护焊安全技术

1. 钨极氩弧焊的有害因素。

（1）放射性：钨极具有微量放射性，其放射剂量在允许范围之内，如果放射性气体或微粒进入人体，会造成身体伤害。

（2）高频电磁场：采用高频引弧时，产生的高频电磁场强度在60～110V/m之间，超过卫生标准（20V/m）数倍。如果频繁起弧，或将高频振荡器在焊接过程中作为稳弧装置使用，则高频电磁场对人体有害。

（3）有害气体：氩弧焊时，会产生大量的臭氧和氮氧化物，尤其是臭氧的浓度远远超过卫生标准对人体健康影响最大，是氩弧焊最有害的因素。

2. 钨极氩弧焊安全操作技术。

（1）在操作现场做好通风措施，排除有害气体及烟尘。

（2）采用放射剂量低的铈钨极，并将钨极放在专用的铅盒内保管。

（3）工件接地良好，降低引弧频率，尽量避免使用高频振荡器作为稳弧装置。

（4）焊接时，正确穿戴好个人防护用品。

（5）严格遵守《气瓶安全监察规程》中的规定。

3. 熔化极气体保护焊安全操作技术。

（1）焊接时，弧光强、飞溅大，应加强个人防护，防止人体皮肤灼伤。

（2）当焊丝送入导电嘴后，不允许手指放在焊枪末端检查焊丝或测试气体流量，防止焊丝突然送出伤人。

（3）焊接气体在电弧高温作用下会分解成对人体有害的烟尘和有毒气体，特别是在密闭的容器内焊接，要注意通风，时刻与容器外的监护人保持联系。

（4）二氧化碳气体保护焊机必须接地，预热器的电压不得大于36V。

（5）二氧化碳气瓶内的气体不得用完，应保留不小于1MPa的剩余气体。

（6）工作完毕，打扫现场，关闭气源和电源。

# 第四章 新型焊接与切割技术的应用

## 第一节 激光焊接与切割

激光焊接就是利用激光束优良的方向性和高功率密度的特点来进行的。它是通过光学系统将激光束聚集在一个很小的区域内，形成局部的高温，从而使加工材料熔化并焊接起来（如图4-1）。

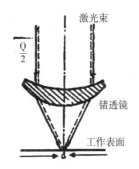

图4-1 激光束的聚焦

### 一、激光焊接机的组成与焊接要求

1. 激光焊接机由激光器、光学聚焦系统、电气系统及工作台四大部分组成，其原理（如图4-2）。

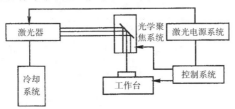

图4-2 激光电焊机原理示意图

2. 激光器品种繁多，而各类激光器的输出是连续不断的，也可以是脉冲式的，能量小至毫焦耳以下，大至千焦耳以上；输出功率在毫瓦至几亿千瓦之间；焊接时应根据不同的材料和加工目的，正确选择不同的激光器。

3. 操作时要求工作台能够自由调节，以便使激光能准确地聚焦在工件上，只要将工件装在特制的夹具中，然后将夹具放在工作台上，启动机器后，即进行焊接。

## 二、激光焊的应用特点

激光焊接是一种较新的焊接方法，但由于激光的独特性质，对某些金属的加工已显示出它的优异特点，所以被广泛地应用在各个领域。

采用激光焊接可以解决我们一般加工方法所达不到的或较难加工的零件的焊接，只要看得见的地方就可以焊接，而且也适应一些位置很紧凑的零件焊接。焊接时，由于焊缝收缩量与变形量较小，所以激光焊接质量很高。

采用激光焊接，对焊件表面无须做清洁处理，即使表面涂着绝缘层也不必将其去除，如漆包线和引出线（绝缘层没有剥去）之间的焊接，过去手工焊接烦琐而缓慢，焊接前要去掉绝缘层，有时还要加焊料浸渍，但在生产中往往还有许多器件结构形状不适合进行焊料浸渍，这时激光焊接就可显示出它的特点了。

另外，激光焊接能使高温合金形成高质量的焊缝而不需要进行任何热处理，而且焊缝的强度与没有焊接过的同类金属不相上下。

## 三、激光切割的应用特点

激光不但能进行焊接，而且还能进行切割。激光切割具有切缝窄、速度快、即使是脆性材料也能方便地进行切割等优点，目前激光已成功地应用于切割钢板、钛板、石英、陶瓷、甚至布匹、纸张等许多方面。在切割时主要依靠激光束在切割缝上打出一排孔，因此切割的速度取决于激光脉冲的重复频率。一般希望脉冲的重复频率为每秒数十次到数百次。所以，在切割应用中以二氧化碳激光器和钇铝石榴石激光器为最佳。如果把激光束聚焦，同时把一股气体直接喷向待切割的区域，则连续工作的二氧化碳激光器几乎可以切割任何东西，如碳钢、不锈钢、钛、锆以及玻璃、尼龙、合成橡胶、石棉、水泥、松木、柚木等。

**四、激光焊接与切割的安全生产**

在激光焊接与切割过程中会产生一些有毒气体、烟尘、电弧光的辐射、焊接热源的高温、高频磁场、噪声和射线等，在激光焊接与切割过程中还附有激光本身的危害。

从事激光焊接与切割的操作人员，必须掌握安全生产的有关措施，增强工作责任感，正确穿戴好劳保用品，持证上岗。

# 第二节　爆炸焊接

爆炸焊接是利用炸药爆炸产生的冲击力造成焊件的迅速碰撞来连接焊件的一种压焊方法。其最突出的特点是：可将性能差异极大、用通常方法很难焊接在一起的金属获得强度很高的焊接接头。而这些化学成分和物理性能各异的金属材料的焊接，用其他的焊接方法很难实现。现代工业需要多种多样的金属复合材料，这就是爆炸焊接的特殊作用，其焊接工艺也应运而生。

## 一、爆炸焊接与其他焊接的不同之处

因为爆炸焊接名副其实是利用炸药爆炸时瞬间所产生的巨大

压力来达到焊接目的的新方法，它不需要电焊机等专门设备和模具，可以在较大面积敷上炸药进行爆炸焊接，操作工艺特别简单，所以对大面积双金属板材的焊接来说比较适用。

爆炸焊接时，通常把炸药直接敷在覆板表面，或在炸药与覆板之间垫以塑料、橡皮作为缓冲层；覆板与基板之间一般爆炸焊接留有平行间隙或带角度的间隙，在基板下垫以厚砧座。炸药引爆后的冲击波压力可高达几百万兆帕，使覆板撞向基板，两板接触面产生塑性流动和高速射流，结合面的氧化膜在高速射流作用下喷射出来，同时使工件连接在一起。爆炸焊接所使用炸药的起爆速度、用药量、被焊板的间隙和角度、缓冲材料的种类、厚度、被焊材料的声速、起爆位置等，均对焊接质量有重要影响。爆炸焊接所需装置简单，投资少，操作方便，成本低廉，适用于野外作业。爆炸焊接对工件表面清理要求不太严，而结合强度却比较高。爆炸焊接已广泛用于导电母线过渡接头、换热器管与管板的焊接和制造大面积复合板。图4-3是异种金属爆炸焊接的焊接界面金相照片，基板为12NiCrMoV钢，覆板为B30，焊接界面为良好的波状接合。

图4-3　爆炸焊接

## 二、爆炸焊接的能源来源

爆炸焊接的能源是炸药的化学能。主要的工艺参数是炸药的用量和焊件之间的间隔距离，焊接的有关参数根据炸药密度、爆速、覆板的密度（强度）等因素计算，并在实爆中测试优化。

## 三、爆炸焊接震动的安全防护措施

为了减小爆炸焊接中爆破震动对周围环境的危害，主要采取两种措施：

1. 在爆炸焊接作业点挖1~2米深的基坑，在基坑中填以松土和细沙，将基板置于松土和细沙之上。爆炸焊接时，基覆板向下运动的能量将有较大一部分被松土和细沙所吸收，使之不能向外传播；同时，细沙和松土对表面波的传播也不利，可以降低表面波的传播能量。

2. 在距爆炸焊接施工点20m的范围处挖设宽1m、深2.5m左右的防震沟。为防止爆炸焊接时将沟震塌，可在沟中填以稻草、废旧泡沫塑料等低密度、高空隙率的物质。防震沟可截断一部分地震波、特别是表面波的传播通道，明显地降低爆破地震波对周围环境的影响。

## 四、爆炸焊接毒气对周围环境的影响

1. 炸药为非零氧平衡炸药：当炸药为负氧平衡时，由于氧量不足，二氧化碳易被还原成一氧化碳；当炸药为正氧平衡时，多余的氧原子在高温、高压下易同氮原子结合生成氮氧化物。

2. 爆炸反应的不完全性：由于炸药组成的成分配比是按反应完全的情况确定的，而当炸药受潮或混合不均匀时，实际炸药爆炸往往有部分反应不完全，爆炸产物偏离预期的结果，这样必将产生较多的有毒气体。

3. 炸药与其他组分的作用：爆炸焊接时，一般用硬纸板、塑料板或木板做成装药框；另外，为了保护覆板表面，常常用油毡、橡胶、黄油等作缓冲层，盖涂在覆板表面，以使其不直接与炸药接触。当炸药爆炸时，这些可燃物质就会与爆炸产物作用而产生有毒气体。

4. 毒气的种类：爆炸焊接产生毒气的种类与炸药的种类、炸药的受潮程度、药框及缓冲层的材料等有关。当使用硝铵类药时，一般会生成：一氧化氮、二氧化氮、三氧化二氮、硫化氢、一氧化碳和少量的氯化氢等有毒气体。

### 五、爆炸焊接有毒气体的防护

在不采取任何措施的情况下，爆炸焊接产生的灰尘和气体呈蘑菇状，可以冲起20~30m高，随风飘出1~2km之外。对爆炸焊接产生毒气的防护方法有：

1. 采用混合均匀的零氧平衡炸药，使爆炸产生的有毒气体量降低到最少。

2. 避免使用受潮的炸药，同时采用高能炸药（如TNT、RDX等）作起爆药柱，加强起爆能，确保炸药反应完全。

3. 在爆炸焊接作业点安装自动喷雾洒水装置。在爆炸焊接完成的瞬间，立即进行喷雾洒水，能大大抑制爆炸毒气及灰尘的产生和扩散。

### 六、爆炸焊接噪音的防护

爆炸焊接是裸露爆破，且用药量大而集中，故其防护比较困难，通常采用的防护措施有：

1. 安排合理的作业时间，避免在早晨或深夜进行爆炸焊接作业，以减少扰民和大气效应所引起的噪声增加。

2. 因工作需要，不可能撤离爆炸点很远的现场工作人员，可戴耳塞或耳罩进行防护。

3. 必要时，可挖设一深坑，将爆炸焊接装置置于坑中，装药完成后，用废旧胶等将坑封口，胶带上覆盖以湿土或湿沙（注意土或沙中不能夹杂小石子）。

爆炸焊接作业地点通常都选在远离居民区的偏远地带，即考虑了噪音的影响，也考虑了冲击波的效应。唯一应注意的是：起爆时，所有施工人员都应撤离到以冲击波安全距离所确定的警戒线之外，以免发生冲击波伤人事故。

由于爆炸焊接时，炸药是裸露在空气中的，且与装药下表面接触的为金属覆板，因此爆炸焊接中，一般不会产生飞石，但应注意，切忌用碎石或铁丝等堆积、缠绕在装药框周围，否则这些固体硬物可能飞出，造成伤人毁物。

爆炸焊接作为一种特殊的焊接技术，其装药形式和一般土石方爆破有很大的区别，其爆破时对周围环境产生的危害也有自己的特点。若与土石方爆破相比较，则爆炸焊接的毒气、噪音、地震波危害较大而飞石危害较小。因此，在选择爆炸焊接作业点或进行爆炸焊接的安全性校核时，首先要用一次爆炸焊接的最大用药量对地震波、毒气、噪音进行计算，并与《爆破安全规程》中的国家标准允许值相比较。必要时就需采取种种防护措施。

# 第三节　水下焊接与切割

海洋占地球表面积约百分之七十以上。如何充分地开发利用海洋资源，对每个国家的经济和国防关系极大。随着海洋开发的发展，水下焊接技术在国内外越来越引起重视。如铺设海底输油管、建造海洋油田钻采设备、修理水电站送水管和船舶等。对这些设备的组装或维修，都离不开水下焊接和水下对金属进行切割的工艺。

## 一、水下"湿法"和"干法"焊接

（一）湿法焊接

湿法焊接是焊工直接在水下施焊。它的操作过程与陆上的手工电弧焊一样。虽然焊件全部被水包围，但当电焊条与被焊的工件（如钢板）接触并通电时，电流通过接触点产生大量的电阻热，使接触点邻近的水汽化，形成一个气泡。然后把电焊条稍稍提起，电弧就在这个气泡内引燃。电弧引燃后，电焊条上的药皮会不断放出大量气体（主要是二氧化碳）使气泡的体积迅速增大。当气泡的浮力增大到一定程度。大气泡分裂，形成一个一个自由上升的气泡，而电弧仍在残留的气泡中继续进行水下焊接。这种方法适用于水深15～20m内工作，如水下结构和船舶修补，在焊条直径相同的条件下，水下手工焊电弧电流要比在大气中大20%，一般采用长度300～450mm的低碳钢焊条。为了获得优质焊缝，可以采用奥氏体焊条和钛铁矿型焊等。由于焊条手工焊直接在水中焊接，所以，在电弧周围产生大量气泡，使潜水焊工看不清焊接区域的情况；况且，刚刚焊好的高温焊缝，立即与冷水接触，相当于焊缝淬火，使焊接接头变硬变脆。因此，这种焊接方法只用于不太重要的水下钢结构的焊接（如图4-4）。

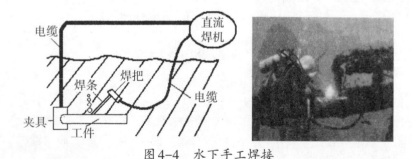

图4-4　水下手工焊接

（二）干法焊接

干法是在密封工作室中将水排除后进行焊接，所以干法焊接又称气室法焊接。它是将一个下部开口的大型气室沉入水中，骑在需要焊接的海底管线上，并对钢管的两个引入口进行密封，然后用压缩气体（空气、氮气、氩气、氦气等）把气室内的水全部挤压排出，并使气室内的气体压力与气室外的水压相等，焊工潜水从气室底部钻入，站在网格状的地板上工作。它的焊接质量与陆上的焊接质量相近，是当前水下焊接质量最高的一种方法，但对大型的或形状复杂的工件的焊接，由于设备的安装和布置难度较大，成本较高，所以现在用得很少（如图4-5）。局部排水水下焊接法兼备了干法和湿法的优点。这种方法对水下结构进行修复或改装效果更好，近年来局部排水水下焊接法取得了较大的进展。如有一种叫"气罩式"的局部排水焊接法，这种方法比干法焊接简单，它采用的装置是一个可拆卸的透明气罩，可以把它安装或围绕在被焊的结构上。气罩的下部是开口的，将惰性气体打入气罩里以取代水，并保持焊接区域是干的。焊工潜水在气罩外面的水中，把焊枪从透明气罩的下部伸入罩内，在干的环境里进行焊接。

图4-5　水下干法焊接

当水下流送管破损需要修复。采用"气罩法"水下局部排水焊接法就比较理想。在修复工作开始前，先在陆地上把拆换的竖管的一端焊上一个过渡套管，然后沉入到待焊的位置，放在端面已加工过的破损竖管之上。再将气罩安装在上面,使焊区与水隔绝如(图4-6)这种装置既便于潜水焊工操作,又能保证角焊缝的质量。

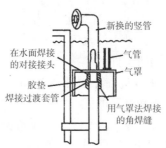

图4-6 采用气罩法焊接流送管竖管

另一种局部排水焊接法叫"移动干点式"。一个用手拿着的可以移动的圆筒,圆筒一端封闭,一端开口。开口的一端有一个能按照焊接区的几何形状进行柔性密封的垫环。在焊接前,先把圆筒压在工件上,并把焊枪伸入圆筒内,然后将具有一定压力的保护气体压入到圆筒内,迫使筒里的水经过半透密封环而排出,这样就形成了干的焊钳或焊接区域,焊接时,圆筒沿焊缝移动,而筒内仍然维持着干的气腔。这种局部排水的"移动干点式"是一种比较灵活和实用的水下焊接法(如图4-7)。

图4-7 水下移动干点式焊接

近年发展起来的一种叫水幕式二氧化碳气体保护焊，它也是一种局部干法水下焊接法。它采用双喷嘴，外嘴喷水形成水幕，内嘴喷出二氧化碳，以保护焊接（如图4-8）。

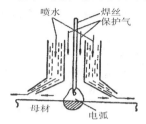

图4-8　水幕式二氧化碳气体保护焊

焊区在水幕的保护下，使电弧前后的一小段焊缝附近的水全部排开，可边移动焊枪边进行焊接。这种方法排开的水量最少，因此比较灵活，可以进行多种焊接。焊接质量虽不及干法焊接，但已经能满足较重要的水下结构件焊接的要求。

水幕式二氧化碳气体保护焊可采用实芯焊丝和药芯焊丝。用药芯焊丝比用实芯焊丝速度高一倍。药芯焊丝用于厚板单道焊和多道焊，效果较好。除了水幕式二氧化碳气体保护焊外，还可用水下等离子焊（如图4-9），等离子焊与水幕式二氧化碳气体保护焊相比，所用的焊枪较复杂，但电弧比较稳定，操作较简单，有利于实现机械化和自动化。

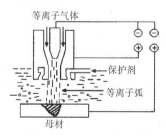

图4-9　水下等离子焊

## 二、水下焊接的特点

水下环境使得水下焊接过程比陆上焊接过程复杂得多，除焊接技术外，还涉及潜水作业技术等诸多因素，水下焊接的特点是：

1. 可见度差。水对光的吸收、反射和折射等作用比空气强得多，因此，光在水中传播时减弱得很快。另外焊接时电弧周围产生大量气泡和烟雾，使水下电弧的可见度非常低。在淤泥的海底和夹带沙泥的海域中进行水下焊接，水中可见度就更差了。

2. 焊缝含氢量高。氢是焊接的大敌，如果焊接中含氢量超过允许值，很容易引起裂纹，甚至导致结构的破坏。水下电弧会使周围水产生热分解，导致溶解到焊缝中的氢增加，水下焊条电弧焊的焊接接头质量差与氢含量高是分不开的。

3. 冷却速度快。水下焊接时，海水的热传导系数高，是空气的20倍左右。若采用湿法或局部干法水下焊接时，由于被焊工件直接处于水中，水对焊缝的急冷效果明显，容易产生高硬度淬硬组织。因此，只有采用干法焊接时，才能避免冷效应。

4. 压力的影响。随着压力增加，电弧弧柱变细，焊道宽度变窄，焊缝高度增加，同时导电介质密度增加，从而增加了电离难度，电弧电压随之升高，电弧稳定性降低，飞溅和烟尘增多。

5. 连续作业难以实现。由于受水下环境的影响和限制，许多情况下不得不采用焊一段、停一段的方法进行，因而焊缝有不连续性的现象存在。

## 三、水下切割

### （一）熔化极水喷射电弧切割

熔化极水喷射电弧切割是20世纪70年代发展起来的一种水下切割新工艺，是用直径3mm左右的镀锌铁丝来取代过去用电氧切割的割条。这种切割新工艺的割丝能自动连续输送，用大电流（1000~2000A）的电弧来熔化钢板割口，同时采用高压水喷射，把割口处的熔化金属冲掉，所以叫做熔化极水喷射电弧切割。在正常的切缝过程中，电弧在高压水喷射和电磁力作用下，由钢板上面快速向下移动，至割口下表面时，电弧即熄灭；这时，由于割枪的移动，使割丝与钢板割口再接触，电弧重新引燃，重复上述过程，这样电弧在被割钢板的厚度方向上（从上向下）往复移动，犹如一把"电弧锯条"在切割钢板（如图4-10）。

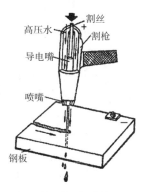

图4-10　熔化极水喷射电弧切割

熔化极水喷射电弧切割的装置是由电源、控制箱、水泵、水密送丝箱和割枪等部分组成。高压水是通过水泵把海水升压后送到割枪上，这种切割新工艺采用半自动装置，即割丝自动送给，潜水焊工只要按下割枪上的开关，移动手中的割枪，切割过程就能正常进行。

这种切割方法除能切割大厚度工件及普通钢材外，还能切割其他金属，如不锈钢、铜、铝及其合金等；工作电压低（空载电压60V，工作时26~45V），操作比较安全；割丝采用的镀锌铁丝，货源多，成本低，生产效率高，如在深水中切割20mm厚的钢板，比以往手工电氧切割效率高出10倍以上。

（二）水下重力切割

非合金钢的水下重力切割是近来发展起来的一种水下切割新工艺，是由陆上重力焊演化而来。这种切割方法操作比较简便，适用于水平和垂直位置的切割（如图4-11）。图中的空心焊条是带有涂料的中空铸芯焊条，长1000mm，直径为5~8mm，涂料以钛铁或金红石为主，厚度1.6mm，切割时用氧气通过铸芯焊条的中心孔吹出。空心焊条拧紧在夹头上，这个夹头沿滑轨滑动，滑轨由空气发动机带动。滑轨安装角α铸芯焊条的安装角β以及焊条与工件表面角度γ可以根据切割长度进行调整。由于水下切割时的电压要比陆上切割明显增高，因此，重力切割要使用两个直流电源并联。由于空载电压较高，所以对操作人员应采取安全措施。

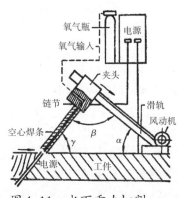

图4-11　水下重力切割

水下切割和水下焊接技术一样，是开发海洋事业不可缺少的主要工艺手段之一，随着新的水下焊接和切割技术的出现，必将为海洋事业的发展及海洋金属结构件的制造开辟一条新的途径。

## 四、水下焊接与切割的危险因素

水下焊接与切割时，电弧或气体火焰在水下使用，它与在大气中焊接或一般的潜水作业相比，具有更大的危险性。

水下焊接与切割作业常见事故有：触电、爆炸、烧伤、烫伤、溺水、砸伤或窒息伤亡。事故原因大致有以下几点：

1. 沉到水下的船或其他物件中常有弹药、燃料容器和化学危险品，焊割前未查明情况贸然作业，在焊割过程中就会发生爆炸。

2. 由于回火和炽热金属熔滴烧伤、烫伤操作者，或烧坏供气管、潜水服等潜水装具而造成事故。

3. 由于绝缘损坏或操作不当引起触电。

4. 水下构件倒塌发生砸伤、压伤、挤伤甚至死亡事故。

5. 由于供气管、潜水服烧坏，触电或海上风浪等引起溺水事故。

## 五、水下焊接与切割的安全措施

### （一）准备工作

水下焊接与切割有大量、多方面的准备工作，一般包括下述几个方面：

1. 调查作业区气象、水深、水温、流速等环境情况。当水面风力小于6级、作业点水流流速小于0.1~0.3m/s时，方可进行作业。

2. 水下焊割前应查明被焊割件的性质和结构特点，弄清作业对象内是否存有易燃、易爆和有毒物质。对可能坠落、倒塌物体要适当固定，尤其水下切割时应特别注意，防止砸伤或损伤供气管及电缆。

3. 下潜前，在水上操作人员应对焊、割设备及工具、潜水装具、供气管、电缆、通信联络工具等的绝缘、水密、工艺性能进行检查试验。氧气胶管要用1.5倍工作压力的蒸汽或热水清洗，胶管内外不得黏附油脂。气管与电缆应每隔0.5m捆扎牢固，以免相互绞缠。入水下潜后，应及时整理好供气管、电缆和信号绳等，使其处于安全位置，以免损坏。

4. 在作业点上方，半径相当于水深的区域内，不得同时进行其他作业。因水下操作过程中会有未燃尽气体或有毒气体逸出并上浮至水面，水上人员应有防火准备措施，并应将供气泵置于上风处，以防着火或水下人员吸入有毒气体中毒。

5. 操作前，操作人员应对作业地点进行安全处理，移去周围的障碍物。水下焊割不得悬浮在水中作业，应事先安装操作平台，或在物件上选择安全的操作位置，避免使自身、潜水装具、供气管和电缆等处于熔渣喷溅或流动范围内。

6. 潜水焊割人员与水面支持人员之间要有通信装置，当一切准备工作就绪，在取得支持人员同意后，焊割人员方可开始作业。

7. 从事水下焊接与切割工作，必须由经过专门培训并持有此类工作许可证的人员进行。

（二）防火防爆安全措施

1. 对储油罐、油管、储气罐和密闭容器等进行水下焊割时，必须遵守燃料容器焊补的安全技术要求。其他物件在焊割前也要彻底检查，并清除内部的可燃易爆物质。

2. 要慎重考虑切割位置和方向，最好先从距离水面最近的部位着手，向下割。这是由于水下切割是利用氧气与氢气或石油气燃烧火焰进行的，在水下很难调整好它们之间的比例。有未完全燃烧的剩余气体逸出水面，遇到阻碍就会在金属构件内积聚形成可燃气穴。凡在水下进行立割，均应从上向下移，避免火焰经过未燃气体聚集处，引起燃爆。

3. 严禁利用油管、船体、缆索和海水作为电焊机回路的导电体。

4. 在水下操作时，如焊工不慎跌倒或气瓶用完更换新瓶时，常因供气压力低于割炬所处的水压力而失去平衡，这时极易发生回火。因此，除了在供气总管处安装回火防止器外，还应在割炬柄与供气管之间安装防爆阀。防爆阀由逆止阀与火焰消除器组成，前者阻止可燃气的回流，以免在气管内形成爆炸性混合气，后者能防止火焰流过逆止阀时，引燃气管中的可燃气。

换气瓶时，如不能保证压力不变，应将割炬熄灭，换好后再点燃，或将割炬送出水面，等气瓶换好后再送下水。

5. 使用氢气作为燃气时，应特别注意防爆、防泄漏。

6. 割炬点火可以在水上点燃带入水下，或带点火器在水下点火，前者带水下沉时，特别在越过障碍时，有被火焰烧伤或烧坏潜水装具的危险，在水下点火易发生回火和未燃气体数量增多，同样有爆炸的危险。

7. 防止高温熔滴落进潜水服的折叠处或供气管，尽量避免仰焊和仰割，以免烧坏潜水服或供气管。

8. 不要将气割用软管夹在腋下或两腿之间，防止万一因回火爆炸、击穿或烧坏潜水服，割炬不要放在泥土上，防止堵塞，每日工作完用清水冲洗割炬并晾干。

（三）防触电安全措施

1. 焊接电源须用直流电，禁用交流电。因为在相同电压下通过潜水员身体的交流电流大于直流电流。并且与直流电相比，交流电稳弧性差，易造成较大飞溅，增加烧损潜水装具的危险。

2. 所有设备、工具要有良好的绝缘和防水性能，绝缘电阻不得小于$1M\Omega$。为了防海水、大气盐雾的腐蚀，需包敷具有可靠水密的绝缘护套，且应有良好的接地。

3. 焊工要穿不透水的潜水服，戴干燥的橡皮手套，用橡皮包裹潜水头盔下颌部的金属纽扣。潜水盔上的滤光镜铰接在头盔外面，可以开合，滤光镜涂色深度应较陆地上为浅。水下装具的所有金属部件，均应采取防水绝缘保护措施，以防被电解腐蚀或出现电火花。

4. 更换焊条时，必须先发出拉闸信号，断电后才能去掉残余的焊条头，换新焊条，或安装自动开关箱。焊条应彻底绝缘和防水，只在形成电弧的端面保证电接触。

5. 焊工工作时，电流一旦接通，切勿背向工件的接地点，把自己置于工作点与接地点之间。应面向接地点，把工作点置于自己与接地点之间，这样才可避免潜水盔与金属用具受到电解作用而导致损坏。焊工切忌把电极尖端指向自己的潜水盔，任何时候都要注意不可使身体或工具的任何部分成为电路。

（四）水下焊割注意事项

1. 焊割炬（枪、把）在使用前应作绝缘、水密性和工艺性能等方面的检查，需先在水面进行试验。氧气胶管使用前应当用1.5倍工作压力的蒸汽或水进行清洗，胶管内外不得粘有油脂。供电电缆必须检验其绝缘性能。热切割的供气胶管和电缆每0.5m间距应捆扎牢固。

2. 潜水焊割工应备有无线通信工具，以便随时同水面上的支持人员取得联系，不允许在没有任何通信联络的情况下进行水下焊割作业。潜水焊割工人入水后，在其作业点的水面上半径相当于水深的区域内，禁止进行其他作业。

3. 水下焊割前应查明作业区的周围环境，熟悉作业水深、水文、气象和被焊割物件的结构形式等情况。应当给潜水焊割工一个合适的工作位置，禁止在悬浮状态下进行焊接操作。一般潜水焊割工应停留在构件上或事先设置的操作平台上。

4. 在水下焊割开始操作前应仔细检查和整理供气胶管、电缆、设备、工具及信号绳等，在任何情况下，都不得使这些装备和焊割工人本身处于熔渣溅落和流动的路线上。应当移去操作点周围的障碍物，将自身置于有利的安全位置上，然后同水面人员联系并取得同意后方可施焊。

5. 水下作业点所处的水流速度超过 0.1~0.3m/s，水面风力超过 6 级时，禁止水下作业。

# 第四节　搅拌摩擦焊

搅拌摩擦焊（简称 FSW）是英国焊接研究所于 1991 年发明的专利焊接技术。搅拌摩擦焊除了具有普通摩擦焊技术的优点外，还可以进行多种接头形式和不同焊接位置的连接。1998 年美国波音公司的空间和防御实验室引进了搅拌摩擦焊技术，用于焊接某些火箭部件；麦道公司也把这种技术用于制造 Delta 运载火箭的推进剂贮箱。

## 一、搅拌摩擦焊的原理及特点

### （一）搅拌摩擦焊的原理

搅拌摩擦焊是一种在机械力和摩擦热作用下的固相连接方法。在搅拌摩擦焊过程中，由一个柱形带特殊轴肩和针凸的搅拌头旋转着缓慢插入被焊接工件，由于搅拌头和被焊接材料之间的摩擦剪切阻力而产生了摩擦热，使搅拌头邻近区域的材料发生热塑化，当搅拌头旋转着向前移动时，热塑化的金属材料从搅拌头的前沿向后沿转移，并且在搅拌头轴肩与工件表层摩擦产生热量和锻压共同的作用下，形成致密的固相连接接头，焊接完成后，搅拌头以一定速度离开零件表面，焊接过程结束。

搅拌摩擦焊的基本原理及工艺过程（如图 4-12 所示）。它可以分解为 4 个不同阶段：旋转、插入、焊接以及离开。

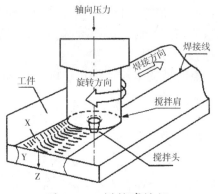

图 4-12 搅拌摩擦焊

由于搅拌摩擦焊始终处于材料熔化点以下（约为材料熔点的0.8），不会出现材料熔化，从而避免了常规熔焊工艺中因熔化-凝固现象的存在所造成的各种焊接缺陷。所以，搅拌摩擦焊是一种固相焊接技术。

在焊接过程中，焊头在旋转的同时伸入工件的接缝中，旋转焊头与工件之间的摩擦热，使焊头前面的材料发生强烈塑性变形，然后随着焊头的移动，高度塑性变形的材料流向焊头的背后，从而形成搅拌摩擦焊焊缝。搅拌摩擦焊对设备的要求并不高，最基本的要求是焊头的旋转运动和工件的相对运动，即使一台铣床也可简单地达到小型平板对接焊的要求。但焊接设备及夹具的刚性是极端重要的。焊头采用工具钢制成，焊头的长度一般比要求焊接的深度稍短，但搅拌摩擦焊缝结束时在终端会留下个匙孔。通常这个匙孔可以切除掉，也可以用其他焊接方法封焊住。

（二）搅拌摩擦焊的特点

搅拌摩擦焊与传统的焊接方法相比所具有的特点。

1. 搅拌摩擦焊是一种固相连接技术，接头性能优异。

2. 焊前工件表面无需清理，可通过摩擦和搅拌来去除焊件表面的氧化膜。

3. 焊前不需要开坡口，可以节省焊前准备工时。

4. 焊接过程中不需要保护气，也不需要填充材料。

5. 焊接过程容易实现自动化，可以实现全位置焊接，接头质量好。

6. 焊接热输入小，从而导致焊接变形小、接头残余应力水平低，是一种低应力、小变形的焊接技术。

7. 焊接过程中无飞溅、无烟尘、无弧光、无辐射及噪声低，是一种绿色环保型的新型连接技术。

8. 适用于平焊，立焊，仰焊和俯焊的对接、角接和搭接接头的焊接及异种金属材料的焊接。

9. 焊接效率高、能耗低，是一种高效焊接技术。

## 二、搅拌摩擦焊技术在国内的应用与发展

搅拌摩擦焊作为一种多学科交汇的新方法，已经在航空航天业广泛应用。如：机翼、机身、尾翼、飞机油箱；运载火箭、航天飞机的低温燃料筒；军用和科学研究火箭和导弹；熔焊结构件的修理等。由于搅拌摩擦焊焊接接头强度优于MIG焊焊接接头，并且缺陷率低，节约成本，采用搅拌摩擦焊技术，已成为主流趋势。

（一）航天行业中搅拌摩擦焊技术的应用

在航空制造领域，新材料、新工艺的应用是提高飞机性能、降低制造成本的一种有效途径。研究表明，将搅拌摩擦焊应用于飞机制造中，可以代替60%以上的铆钉连接方式，能够有效减轻飞机结构重量，提高生产效率和降低生产成本。将搅拌摩擦焊和钣金成型、超塑成型、喷丸成型等技术复合，可以实现飞机复杂结构和大型壁板类结构整体化制造，在提高性能、减重方面具有明显优势，所以搅拌摩擦焊技术在飞机制造领域有着广泛的应用前景，可以在飞机机翼、机身、蒙皮、密封舱、口盖、地板、仪

器舱、航空器油箱、雷达冷板等结构中得到应用。

（二）船舶行业中搅拌摩擦焊技术的应用

造船工业是搅拌摩擦焊最早商业化应用的领域。渔船上用作冷冻处理的中空铝板是搅拌摩擦焊的应用实例，这些中空铝板结构由铝挤压板材直接经搅拌摩擦焊连接而成。由于焊后变形很小和良好的工艺再现性使得搅拌摩擦焊成为生产这类刚性板件的首选方法。搅拌摩擦焊技术在船舶制造和海洋工业中有广泛的应用前景。适于用搅拌摩擦焊技术焊接的结构包括:甲板、壁板、隔板等板材的拼焊、铝挤压件的焊接、船体和加强件的焊接、直升机降落平台的焊接等。

（三）交通运输行业中搅拌摩擦焊技术的应用

随着对搅拌摩擦焊技术研究工作的深入，其在铁路运输、公路运输、建筑工业、电器行业中也有着很大的应用潜力。对于陆路交通工业，搅拌摩擦焊在列车制造领域的应用主要为高速列车、轨道货车、地铁车厢和有轨电车、集装箱体等。搅拌摩擦焊在汽车上的应用主要为引擎、底盘和车身支架、汽车轮毂、液压成型管附件、车门预成型件、车体空间框架、卡车车体、载货车的尾部升降平台、汽车起重器、装甲车的防护甲板、汽车燃料箱、敞篷旅行车、公共汽车和机场运输车、轻合金摩托车和自行车、人工关节和零件、逃生交通工具、镁合金和铝合金的连接等。

## 三、搅拌摩擦焊操作规程

1. 打开电闸。

2. 按下遥控器上的紧急停止按钮。

3. 打开控制柜上的电源开关，三个灯都亮，说明电源正常。否则，关闭电源开关，检查有关开关和保险丝，直到检测出问题并修复为止。

4. 启动操纵台上的电源开关，电源指示灯亮，给控制柜送电。

5. 按控制柜上F4（手动）按钮，出现一个红色条框，正常情况下没有向下的白色箭头。如果有，按下F↓按钮，查看错误情况。

6. 如果一切正常，打开遥控器上的红色按钮，这时主轴电机送电，工作灯亮。

7. 进行编程或采用已有的程序。

8. 在进行搅拌头位置调整时，向窗口方向为X+，向窗口反方向为X-；向文件柜方向为Y+，向文件柜反方向为Y-；向上为Z+，向下为Z-。

9. 焊接结束后，首先按下遥控器上的红色按钮，然后关闭计算机，关闭操纵台上的电源开关，关闭控制柜上的电源开关，关闭电闸。

## 第五节　热喷涂技术

热喷涂技术是利用热源将喷涂材料加热至溶化或半溶化状态，并以一定的速度喷射沉积到经过预处理的基体表面形成涂层的方法（如图4-13所示）。

图4-13　热喷涂技术

## 一、热喷涂技术特点

1. 热喷涂技术具有的优点：

（1）设备轻便，可现场施工。

（2）工艺灵活、操作程序少。可快捷修复，减少加工时间。

（3）适应性强，不受工件尺寸大小及场地所限。

（4）涂层厚度可以控制。

（5）除喷焊外，对基材加热温度较低，工件变形小，金相组织及性能变化较小。

（6）适用所有的固体材料表面上制备各种防护性涂层和功能性涂层。

2. 热喷涂技术的特点：

（1）由于热源的温度范围很宽，因而可喷涂的涂层材料几乎包括所有固态工程材料，如金属、合金、陶瓷、金属陶瓷、塑料以及由它们组成的复合物等，因而能赋予基体以各种功能（如耐磨、耐蚀、耐高温、抗氧化、绝缘、隔热、生物相容、红外吸收等）的表面。

（2）喷涂过程中基体表面受热程度小，因此可在各种材料上进行喷涂（如金属、陶瓷、玻璃、纸张、塑料等），并且对基材组织和性能几乎没有影响，工件变形也小。

（3）设备简单，操作灵活，既可对大型构件进行大面积喷涂，也可在指定的局部进行喷涂；并且可在工厂室内或室外现场进行施工。

（4）喷涂操作的程序较少，施工时间较短，效率高，比较经济。

## 二、热喷涂方法分类及工艺原理

1. 按照热源种类可分为：

（1）火焰类：包括火焰喷涂、爆炸喷涂、超音速喷涂。

（2）电弧类：包括电弧喷涂和等离子喷涂。

（3）电热法：包括电爆喷涂、感应加热喷涂和电容放电喷涂。

（4）激光法：激光喷涂。

2. 热喷涂工艺原理。

（1）火焰类喷涂。

①火焰喷涂：是把金属线以一定的速度送进喷枪里，使端部在高温火焰中熔化，随即用压缩空气把其雾化物吹走，沉积在预处理过的工件表面上。火焰喷涂包括线材火焰喷涂和粉末火焰喷涂。

火焰喷涂通常使用乙炔和氧组合燃烧而提供热量，也可以用丙烷、氢气或天然气。火焰喷涂可喷涂金属、陶瓷、塑料等材料，应用灵活，喷涂设备可移动、轻便简单，价格低，经济性好，使用广。火焰喷涂不足之处在于喷出的颗粒速度较小，火焰温度较低，涂层的黏结强度及涂层本身的综合强度较低。此外，火焰中心为氧化气氛，对高熔点材料和易氧化材料，使用时应注意。为了改善火焰喷涂的不足，可采用惰性气体或气流加速装置来降低氧化程度和提高颗粒速度，但成本会提高不少。

②爆炸喷涂：利用氧气和乙炔气点火燃烧，造成气体膨胀而产生爆炸，释放出热能和冲击波，热能使喷涂粉末熔化，冲击波则使熔融粉末以700~800m/s的速度喷射到工件表面上形成涂层。

爆炸涂层形成的基本特征，仍然是高速熔融粒子碰撞基体的结果。爆炸喷涂的最大特点是粒子飞行速度高，动能大，所以爆炸喷涂涂层具有：

a.涂层和基体的结合强度高。

b.涂层致密，气孔率很低。

c.涂层表面加工后粗糙度低。

d.工件表面温度低。爆炸喷涂可喷涂金属、金属陶瓷及陶瓷材料。

③超音速喷涂：超音速喷涂具有以下特性：

a.粉粒温度较低，氧比较轻，只适用于喷涂金属粉末、Co-Wc粉末以及低熔点 $TiO_2$ 陶瓷粉末。

b.粉粒运动速度高。

c.粉粒尺寸小（10～53μm）、分布范围窄，否则不能熔化。

d.涂层结合强度、致密度高，无分层现象。

e.涂层表面粗糙度低。

f.喷涂距离可在较大范围内变动，而不影响喷涂质量。

g.可得到比爆炸喷涂更厚的涂层，残余应力得到改善。

h.喷涂效率高，操作方便。

i.噪音大（大于120dB），需有隔音和防护装置。

（2）电弧类喷涂。

① 电弧喷涂：在两根焊丝状的金属材料之间产生电弧，电弧产生的热会使金属焊丝逐渐熔化，熔化部分被压缩空气气流喷向基体表面而形成涂层。

电弧喷涂按电弧电源可分为直流电弧喷涂和交流电弧喷涂。直流电弧喷涂：操作稳定，涂层组织致密，效率高。交流电弧喷涂：噪音大。电弧产生的温度与电弧气体介质、电极材料种类及电流有关。但电弧喷涂比火焰喷涂粉末粒子含热量更大一些，粒子飞行速度也较快，因此，熔融粒子打到基体上时，形成局部微冶金结合的可能性要大得多。所以，涂层与基体结合强度较火焰喷涂高1.5～2.0倍，喷涂效率也较高。电弧喷涂还可方便地制造合金涂层或"伪合金"涂层。通过使用两根不同成分的丝材和使用不同进给速度，即可得到不同的合金成分。电弧喷涂与火焰喷涂设备相似，同样具有成本低，投资少，使用方便等优点。但是，电弧喷涂不足之处在于喷涂材料必须是导电的焊丝，因此只能使用金属，而不能使用陶瓷，限制了电弧喷涂的应用范围。

② 等离子喷涂：包括大气等离子喷涂、保护气体等离子喷涂、真空等离子喷涂和水稳等离子喷涂。等粒子喷涂技术是继火焰喷涂之后发展起来的一种新型多用途的精密喷涂方法，它具有以下特性：

a.超高温特性，便于进行高熔点材料的喷涂。

b.喷射粒子的速度高，涂层致密，黏结强度高。

c.使用惰性气体作为工作气体，喷涂材料不易氧化。

等离子喷涂的原理：等离子喷涂是利用等离子弧进行的，离子弧是压缩电弧，与自由电弧相比较，其弧柱细，电流密度大，气体电离度高，因此具有温度高，能量集中，电弧稳定性好等特点。

等离子喷涂设备主要包括：喷枪、电源、送粉器、热交换器、供气系统、控制框。

真空等离子喷涂（又叫低压等离子喷涂）：真空等离子喷涂是在气氛可控的 4~40kPa 的密封室内进行喷涂的技术。因为工作气体等离子化后，是在低压气氛中边膨胀体积边喷出的，所以喷流速度是超音速的，而且非常适合于对氧化高度敏感的材料。

水稳等离子喷涂：水稳等离子喷涂是以水作为工作介质不是气，它是一种高功率或高速等离子喷涂的方法，其工作原理是：喷枪内通入高压水流，并在枪筒内壁形成涡流，这时，在枪体后部的阴极和枪体前部的旋转阳极间产生直流电弧，使枪筒内壁表面的一部分蒸发、分解、变成等离子态，产生连续的等离子弧。由于旋转涡流水的聚束作用，其能量密度提高，燃烧稳定，因此，可喷涂高熔点材料，特别是氧化物陶瓷，喷涂效率非常高。

（3）电热法。

① 电爆喷涂：在线材两端通以瞬间大电流，使线材熔化并发生爆炸。此法专用来喷涂气缸等内表面。

② 感应加热喷涂：采用高频涡流把线材加热，然后用高压气体雾化并加速的喷涂方法。

③ 电容放电喷涂：利用电容放电把线材加热，然后用高压气体雾化并加速的喷涂方法。

（4）激光法。

激光喷涂是用适当的送粉管将粉末注入激光束中，利用激光束将粉末熔化，并靠送粉气和重力喷到基体表面形成涂层的方法。喷涂时，可用屏蔽气体保护涂层。

### 三、热喷涂操作注意事项

1. 安装防护设备：首先要在喷涂机上安装专用的防护设备，如各类灭火器、防火用的水、沙等，以及氧气、吸入口罩等。

2. 有毒、危险气体的探测：涂料中会含有有害的物质，如果操作及保护不当，会对人体健康产生影响，有些涂料的气体浓度较高，所以，操作人员必须隔一段时间来检测喷涂机喷涂的气体浓度，做好预防措施。

3. 选择适当的操作人员：高压无气喷涂机的使用一定要由专业人员来使用，对涂料的危险性、事故预防、处理等方面要做好准备。

4. 危险作业的标识：在涂装区域要设置标识，如"严禁烟火""闲人免进"等标识，引起周围人群的注意，还要详细注明作业内容、注意事项等等，提高大家的安全意识。

# 第五章 焊接与热切割作业 典型事故案例分析

在焊接与热切割作业中经常会发生的触电、火灾、爆炸、高空坠落及其他事故等，其主要原因大多为操作人员安全意识淡薄、工作责任心不强、违章作业、无证操作、不穿戴防护用品等。希望通过以下事故实例能对操作人员有所借鉴，避免类似事故再次发生。

## 第一节 触电事故案例分析

**案例1** 焊机动力线绝缘损坏，焊工触电死亡（见图5-1）。

图5-1 触电事故案例1

**事故经过：**

某厂有位焊工，因焊接工作地点距离插座较远，便将长电源线拖在地面，并通过铁门。当其关门时，铁门挤破电源线的绝缘皮而带电，致使该焊工遭电击身亡。

**原因分析：**

焊机的电源线太长，并且拖在地面上，违反安全规定，当电缆的橡胶绝缘套被铁门挤破时，造成漏电，焊工触电导致电击死亡。

**预防措施：**

焊机电源线不得超过2～3m，严禁将焊机电源线拖于地面。确实需要延长时，必须离地面2.5m沿墙或立柱架空布设。同时，还应避免电缆受到机械性损伤，防止电缆绝缘损坏而漏电。

**案例2** 焊条触及自身脖颈，焊工触电死亡（见图5-2）。

图5-2 触电事故案例2

**事故经过：**

某厂一焊工进入地沟补焊一段分支管道上的裂纹时，焊钳曾在地沟口的铁框上接触短路，产生火花，但未引起其重视。第二次进入地沟时，带电的焊条端部不慎触及其右侧后颈部，当即呼叫一声，便失去知觉。此时检修工闻声，立即跑到8m远的焊机旁，拉下电闸。将该焊工从地沟内拉出。立即实施人工呼吸，经长时间抢救，终因抢救无效死亡。

**原因分析：**

该焊工第一次补焊后，身体已出汗，人体电阻下降，地沟内狭窄且潮湿，又未采取可靠的绝缘保护措施。第二次进入沟时，臂部又紧靠在铁框上，当焊条端部触及脖颈时，使电流通过其身体，发生触电死亡。

**预防措施：**

（1）损坏的管子可拆卸下来，移出地沟外补焊，避开在狭窄空间内工作。

（2）若管子不便于拆卸而需要在地沟口或沟内补焊时，应采取可靠的绝缘防护措施才能进行补焊。

（3）在狭窄、潮湿的地沟内进行焊接作业，必须有两名焊工轮换作业，并互相监护。

（4）焊机应有监护人员专人负责，待焊工到达工作地点后，再启动焊机进行焊接。

（5）焊工停焊后，应及时关闭焊机。特别是在作业环境较狭窄的场地，这一点尤其重要。

**案例3**　焊机外壳漏电，焊工调节焊接电流时触电死亡（见图5-3）。

图5-3　触电事故案例3

**事故经过：**

某厂有台焊机发生故障，随即安排电工进行检修，电工在检修时将焊机的地线拆除，经检查后认为焊机没有故障。电工离去后，焊工随即合闸操作，在调节焊接电流时，刚抓住机壳把手即发生触电，经抢救无效死亡。

**原因分析：**

焊机虽经电工检修，但外壳漏电现象并未排除。而焊工未检查焊机是否接地就合闸操作，故造成电击死亡。

**预防措施：**

所有交流或直流焊机的外壳均必须接地或接零。没有接地或接零装置的焊机不得投入运行。焊工在工作前，必须先检查焊机是否有可靠接地或接零装置，焊机各部位绝缘是否良好，接线点是否连接牢固等，确认安全可靠后，才能合闸操作。

**案例4** 焊工擅自接通焊机电源，遭电击（见图5-4）。

图5-4 触电事故案例4

**事故经过：**

某厂有位焊工到室外临时施工点焊接，焊机接线时因无电源闸盒，便自己将电缆每股导线头部的胶皮去掉，分别接在露天的网线上，由于错接零线在火线上，当他调节焊接电流用手触及外壳时，即遭电击身亡。

**原因分析：**

由于焊工不熟悉有关电气安全知识，将零线和火线错接，导致焊机外壳带电，酿成触电死亡事故。

**预防措施：**

焊接设备接线必须由有操作资质的电工进行。

**案例5** 更换焊条时手触焊钳口，遭电击（见图5-5）。

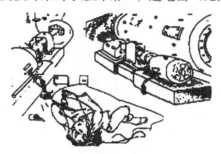

图5-5　触电事故案例5

**事故经过：**

某船厂有一位年轻的女焊工正在船舱内焊接，因舱内温度高加之通风不良，身上大量出汗将工作服和皮手套湿透。在更换焊条时触及焊钳口，发生痉挛后仰跌倒，焊钳落在颈部未能摆脱，造成电击，且无人发现。事故发生后经抢救无效而死亡。

**原因分析：**

（1）焊机的空载电压较高超过了安全电压。

（2）船舱内温度高，焊工大量出汗，人体电阻降低，触电危险性增大。

（3）触电后未能及时发现，电流通过人体的时间较长，使心脏、肺部等重要器官受到严重破坏，抢救无效。

**预防措施：**

（1）船舱内焊接时，要设通风装置，使空气对流。

（2）舱内工作时要设监护人，随时注意焊工动态，遇到危险征兆时，立即拉闸进行抢救。

**案例6** 接线板烧损，焊机外壳带电，造成事故（见图5-6）。

图5-6 触电事故案例6

**事故经过：**

某厂点焊工甲和乙进行铁壳点焊时，发现焊机一次线圈已断，电工甲只找了段软线交于乙自己更换。乙换线时，发现一次线圈接线板螺栓松动，使用扳手拧紧（此时甲不在现场），然后试焊几下就离开现场，甲返回后不了解情况，便开始点焊，只焊了几下就大叫一声倒在地上，工人丙立即拉闸，但由于抢救不及时而死亡。

**原因分析：**

（1）因接线板烧损，线圈与焊机外壳相碰，因而引起短路。

（2）焊机外壳未接地。

**预防措施：**

（1）应由有操作资质的电工进行设备维修。

（2）焊接设备应保护接地。

**案例7** 焊工未按要求穿戴防护用品，触电身亡（见图5-7）。

图5-7 触电事故案例7

**事故经过：**

上海某机械厂结构车间，用数台焊机对产品机座进行焊接，当一名焊工右手合电闸、左手扶焊机时的一瞬间，随即大叫一声，倒在地上，经送医院抢救无效死亡。

**原因分析：**

（1）焊机机壳带电。

（2）焊工未戴绝缘手套及穿绝缘鞋。

（3）焊机接地失灵。

**预防措施：**

（1）工作前应检查设备绝缘层有无破损，接地是否良好。

（2）焊工应穿戴好个人防护用品。

（3）推、拉电源开关时，要戴绝缘手套，动作要快，站在侧面。

**案例8** 焊机一输出端接在水龙头上，120头奶牛遭电击死亡（见图5-8）。

图5-8　触电事故案例8

**事故经过：**

某养牛场用来拴奶牛的一根铁管需补焊，在铁管上用铁链拴着120头奶牛。焊接时，电流通过铁管、铁链、牛的身体、水泥地板和水管，形成一个闭合的焊接电气回路，焊接电流击毙了120头奶牛。

**原因分析：**

由于焊工错误地将焊机的一输出端接到水龙头上，实际上则把120头奶牛接入焊机的二次回路，造成这批动物遭受电击死亡，致使经济上受到严重损失。焊机二次回路一端接到自来水龙头上属违章作业。

**预防措施：**

连接焊机二次回路输出端时，不得将人体、动物或机器设备的传动部件等接入焊接回路。

**案例9** 焊工戴银项链导致触电死亡（见图5-9）。

图5-9 触电事故案例9

**事故经过：**

某年7月14日上午10时许，某船厂一名焊工在焊接时不慎触电，大叫一声倒在地上，经送医院抢救无效死亡。有关人员在检查现场时，发现焊机、接线情况及电缆线、焊钳、手套等均无任何问题，只是死者后颈上有一条不粗的线状烙印，在地下有一摊白色的熔融过的金属。

**原因分析：**

检查设备和现场均未发现问题，但焊工被确认触电死亡，根据地上有一摊白色的熔融过的金属和死者后颈有一条不粗的线状烙印，可推断焊工在低头干活时，其银项链下坠触电，造成触电死亡。

**预防措施：**

焊工作业过程中要防止金银项链碰到电源引起触电。

# 第二节　火灾事故案例分析

**案例1**　向含有油污的积水地沟内吹氧，烧死焊工（见图5-10）。

图5-10　火灾事故案例1

**事故经过：**

某厂的3名青年焊工到地沟里排除积水，由于水面上有一层油，油的蒸气使焊工感到胸闷，焊接组长向地沟吹送氧气。随即组长下地沟去找一名焊工，他手持香烟刚下到梯子的一半时，地沟突然起火。3名焊工被烧伤，但神志清醒，在送往医院后均因呼吸系统严重烧伤抢救无效死亡。

**原因分析：**

用氧气胶管向地沟里吹氧气造成富氧环境，氧气是强氧化剂，抽烟时烟火点燃富氧状态的油蒸气，导致燃烧，这是违章操作引发的火灾，而且富氧环境烧伤的伤口不易治疗，从而导致工人死亡。

**预防措施：**

严禁利用氧气进行通风换气或吹扫工作服；严禁用压缩氧气作为气动工具的动力源；严禁违章抽烟。

**案例2** 避雷针作为焊机的接地极引发火灾（见图5-11）。

图5-11 火灾事故案例2

**事故经过：**

某厂的1名焊工在焊接时，选用车间的避雷针作为接地极。经过几个小时的工作后，与避雷针相接触的车间木质结构厂房被引燃，大火烧毁了车间、厂房及有关设备、物品。

**原因分析：**

这是一起违章作业，而且该厂对避雷设施缺乏维护保养，对接地电阻也未进行定期检测，导致避雷针日久锈蚀陈旧，其接地电阻太大，远超过规定。电阻热引燃了车间木质结构厂房而引发火灾。

**预防措施：**

焊机接地极的接地电阻不得超过4Ω，对避雷设施进行维护保养，使其处于完好状态。不能将避雷针作为焊接接地极。

**案例3** 喷漆房内电焊作业起火（见图5-12）。

图5-12 火灾事故案例3

**事故经过：**

焊工甲在喷漆房内焊接一焊件时，电焊火花飞溅到附近积有较厚的油漆膜的木板上起火。在场工人见状都惊慌失措，有的拿扫帚打火，有的用压缩空气吹火，造成火势扩大。后经消防队半小时抢救，将火熄灭，虽未伤人，但造成很大财物损失。

**原因分析：**

（1）在禁火区焊接前未经动火审批，擅自进行动火作业，违反了操作规程。

（2）未清除房内的油漆膜和采取任何防火措施，就进行动火作业。

（3）灭火方法不当，错误地用压缩空气吹火，不但灭不了火，反而助长了火势，造成事故扩大的后果。

**预防措施：**

（1）不准在喷漆房内进行明火作业，若必须施焊，应执行动火审批制度。

（2）清除一切可燃物。

（3）油漆房内应备有沙子、泡沫或二氧化碳灭火器材。

案例4　向正在施焊的容器内吹氧通风换气，起火将焊工烧焦（见图5-13）。

图5-13　火灾事故案例4

**事故经过：**

某年夏季，某厂1名焊工用低氢型碱性焊条在容器内施焊，容器内烟气弥漫，又闷又热，施焊焊工胸闷咳嗽。在容器外部的焊工为了通风换气，用氧气胶管向容器内吹送氧气。结果造成容器内突然起火，将容器内焊工活活烧焦致死。

**原因分析：**

用氧气胶管向容器内吹送氧气，导致容器内空间处于富氧状态，氧气是强氧化剂，遇焊接明火，具备了起火条件，火势迅猛，大火将焊工烧死，这是一种无知的违章行为。

**预防措施：**

严禁用氧气向容器内吹送，以此来进行通风换气。

**案例5** 焊工在容器内焊接,使用氧气置换通风引起火灾事故(见图5-14)。

图5-14 火灾事故案例5

**事故经过:**

某农药厂机修焊工进入直径为1m、高为2m的繁殖锅内焊接挡板,未装排烟设备,而用氧气吹锅内烟气,使烟气消失,当焊工再次进入锅内焊接作业时,只听"轰"的一声,该焊工烧伤面积达88%,三度烧伤占60%,抢救7天后死亡。

**原因分析:**

(1)用氧气作通风气源,严重违章。

(2)进入容器内焊接未设通风装置。

**预防措施:**

(1)进入容器内焊接应设通风装置。

(2)通风气源应该是压缩空气。

**案例6** 动火场地不符合要求，引燃大火（见图5-15）。

图5-15　火灾事故案例6

**事故经过：**

某船厂焊工顾某向驻船厂消防员申请动火，消防员未到现场就批准动火。顾某气割时，船底的油污遇火花飞溅，引燃大火。在场人员用水和灭火器扑救不成，造成5人死亡，1人重伤，3人轻伤的事故。

**原因分析：**

（1）消防员失职，盲目审批。

（2）动火部位下方有油污。

（3）现场人员缺乏灭火知识。

**预防措施：**

（1）消防员接到申请动火报告后，要深入现场察看，确认安全才能下发动火证。

（2）要清除动火部位下方的油污。

（3）要加强员工的消防安全知识的学习。

**案例7** 氧气瓶的减压器着火烧毁（见图5-16）。

图5-16 火灾事故案例7

事故经过：

某建筑队气焊工在施焊时，使用漏气的焊炬，焊工的手心被调节轮处冒出的火苗烧伤起泡，涂上了獾油，还继续施焊，施焊过程中又一次发生回火，氧气胶管爆炸，减压器着火并烧毁，关闭氧气瓶阀门时，氧气瓶上半截已很热，将手烫伤。

原因分析：

（1）漏气的焊炬容易发生回火。

（2）在调节氧气压力时，氧气瓶阀和减压器沾上油脂，发生回火，在压缩纯氧强烈氧化作用下引起剧烈燃烧。

预防措施：

（1）气焊前应检查焊炬是否良好，发现漏气严禁使用，待修复后再继续施焊。

（2）不能用带有油脂的手套去开启氧气瓶阀和减压器。

**案例8** 无证违章操作，酿成特大火灾（见图5-17）。

图5-17　火灾事故案例8

**事故经过：**

2000年12月25日晚，位于洛阳市老城区的某商厦计划于26日试营业，正紧张忙碌地装修店面。商厦顶层4层开设的一个歌舞厅正举办圣诞狂欢舞会，楼下几簇小小的电焊火花将正在装修的地下室引燃，火势和浓烟顺着楼梯直逼顶层歌舞厅，酿成了20世纪末的特大灾难，夺走了309人的生命。

**原因分析：**

（1）着火的直接原因是雇用的4名焊工没有受过安全技术培训，在无特种作业人员操作证的情况下进行违章作业。

（2）没有采取任何防范措施，野蛮施工致使熔化的焊渣溅落下层，引燃了地下层家具商场的木制家具、沙发等易燃物品。

（3）在慌乱中用水龙头向下浇水自救灭火不成，几个人竟然未报警就逃离现场，贻误了灭火和疏散的时机，致使309人中毒窒息死亡。

**预防措施：**

（1）焊工应持证上岗。在焊接过程中要注意防火。

（2）焊接场所应采取妥善的防护措施：

① 要设专职安全员监视火种。

② 易燃品要远离工作场地10m以外，若移不走应采取切实可行的隔离措施。

案例9　焊接熔渣落入海绵床垫引发大火（见图5-18）。

图5-18　火灾事故案例9

**事故经过：**

董某为一建筑上面加层扩建。施工过程中进行电弧焊时熔渣落在海绵床垫上，将床垫引燃。起火后，在场的人员均不会使用灭火器，也没有及时报警，使大火很快就蹿上了房顶。经随后赶来的消防指战员奋战3个多小时，才将大火扑灭。这次特大火灾损失惨重，死亡80人，受伤55人，直接经济损失400万元。

**原因分析：**

这起事故的直接肇事人董某是无证操作人员；施焊前对施工现场存有的可燃物海绵床垫，没有采取任何防护措施；起火后现场人员又缺乏必要的灭火安全知识，因此海绵床垫着火后任其燃烧。有关领导、职工安全意识不强并缺乏必要的安全知识，这是造成此次特大事故的主要原因。

**预防措施：**

焊工必须经过培训、考核合格后，持证上岗，严禁焊工无证操作；动火前必须先办理动火手续，采取防火、清除、隔离措施，安排监护人，经批准后方可动火；应开展消防安全知识和技能培训，提高职工消防技术素质。

**案例10** 气割工戴着沾有油脂的手套安装氧气瓶减压器造成烧伤。

**事故经过：**

一位气割工戴着手套安装氧气瓶上的减压器，装好后未进行检查。当开启氧气瓶阀时，发现减压器与瓶嘴连接处漏气，他便脱下手套，把手伸到漏气处检查，突然一股火焰喷射出来，使其右手烧伤。幸亏现场另一工人立即将瓶阀关闭，避免了事故的扩大。否则，后果不堪设想。

**原因分析：**

该气割工违反氧气瓶使用操作规程，戴上有油脂的手套去安装减压器，使氧气瓶嘴沾有油脂，且未旋紧减压器螺母，当开启氧气瓶阀时高压氧气喷出，油脂在高压氧的作用下，迅速氧化并进行燃烧，最终酿成事故。

**预防措施：**

严禁用沾有油脂的手套、棉纱和工具等与氧气瓶及其瓶阀、减压器等有关部件接触，氧气瓶减压器螺母必须旋紧。

**案例11** 选用脱附罐作为焊机接地极，使罐内活性炭全部烧光（见图5-19）。

图5-19 火灾事故案例11

**事故经过：**

某厂焊工将装有两吨多的活性炭脱附罐作为接地极。焊接时由于导线与罐体连接处局部发热，引燃了脱附罐里的活性炭，结果将两吨多的活性炭全部烧光。

**原因分析：**

焊接电流产生的电阻热局部加热了脱附罐体，使内部活性炭受热起火。

**预防措施：**

严禁利用可燃易爆气体（如乙炔、氢气等）和易燃易爆液体的容器作为接地极；严禁使用装有可燃固体的容器作为接地极。

# 第三节　爆炸事故案例分析

**案例1　静电火花引起爆炸。**

**事故经过：**

桐庐某水厂焊工甲工作时为赶去开会，随手将气割枪放在地上，此时乙炔阀门未关严，乙炔气体从配电柜门下慢慢地流入。1小时后，有位铆工在离配电柜5m的钢平台上放样需要点焊挡块，这时焊工乙去按配电柜上的焊机按钮时，产生的静电火花把配电柜内的乙炔气体引燃爆炸，配电柜门砸向铆工头部，致其当场死亡。

**原因分析：**

焊工甲工作完毕后未将氧–乙炔气体总阀门关闭，随手乱放，未按切割安全操作规程操作。

**预防措施：**

加强焊工安全意识教育，严格按操作规程操作。

**案例2** 补焊空汽油桶爆炸（见图5-20）。

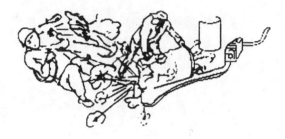

图5-20 爆炸事故案例2

**事故经过：**

某厂汽车队一个有裂缝的空汽油桶需补焊，焊工班提出未采取措施直接补焊有危险，但汽车队说这个空桶是干的，无危险。结果在未采取任何安全措施的情况下，甚至连加油盖子也没打开，就进行补焊。刚开始焊接汽油桶就爆炸，两端封头飞出，桶体被炸成一块铁板，两位气焊工当场被炸死。

**原因分析：**

车用汽油的爆炸极限为0.89%～5.16%，爆炸下限非常低。因此，尽管空桶是干的，但只要油桶内壁的铁锈表面微孔吸附少量残油，或桶内卷缝里有残油甚至有油泥挥发扩散的汽油蒸气，很容易达到和超过爆炸下限，遇焊接火焰或电弧就会发生爆炸，加上能打开的孔洞盖子没有打开，爆炸时威力较大，造成严重后果。

**预防措施：**

（1）严禁补焊切割未经安全处理的燃料容器和管道。

（2）严禁补焊切割未开孔洞的密闭容器。

（3）燃料容器的补焊需按规定采取有关安全组织措施。

**案例3** 油罐顶部盲目动火引起爆炸（见图5-21）。

图5-21　爆炸事故案例3

**事故经过：**

某化学厂油罐顶部安装管道，未采取安全措施，盲目焊接动火，顿时一声巨响，两个相互连通的油罐发生爆炸，现场一片火海，现场设备炸毁，损失惨重。当场炸死4人，大火烧伤6人。

**原因分析：**

未采取任何安全措施，未办理动火手续，实属典型盲目违章动火。

**预防措施：**

在油罐顶部动火，必须申办动火手续，采取严格的安全措施，并逐一加以落实，经批准后方可动火。根据油罐内油品的性质，采取可靠的安全措施（如需要清洗置换、动火分析等，必须按规定进行）。

**案例4** 补焊渗漏的酒精桶爆炸（见图5-22）。

图5-22　爆炸事故案例4

**事故经过：**

某厂制药车间将一个渗漏的酒精桶送到机修组补焊，焊工甲施焊不久，酒精桶爆炸，飞起的桶盖击裂甲的头部，致其当场死亡。

**原因分析：**

酒精桶施焊前未经任何清洗，桶内还残留有酒精，酒精极易挥发，在密闭容器内与空气形成爆炸性混合气体，气焊时引燃而爆炸。

**预防措施：**

（1）盛装酒精的容器，焊前必须用清水清洗干净，并敞开桶盖进行焊接。

（2）焊工在焊接前，必须弄清容器曾装过何种易燃易爆物品及清洗情况，不要盲目动火补焊。

**案例5** 错用氧气替代压缩空气，引起爆炸（见图5-23）。

图5-23 爆炸事故案例5

**事故经过：**

某五金商店一焊工在店堂内维修压缩机和冷凝器，在进行最后的气压试验时，因无压缩空气，焊工就用氧气来代替，当试压至0.98MPa时，压缩机出现漏气，该焊工立即进行补焊。在引弧一瞬间压缩机立即爆炸，店堂炸毁，焊工当场炸死，并造成多人受伤。

**原因分析：**

（1）店堂内不可作为焊接场所。

（2）补焊前应打开一切孔盖，必须在没有压力的情况下补焊。

（3）氧气是助燃物质，绝对不能替代压缩空气。

**预防措施：**

（1）店堂内不可作为焊接场所，若急需焊接也应采取切实可行的防护措施，即在动火点10m内无任何易燃物品、具备相应的灭火器材等。

（2）补焊时应泄压。

（3）严禁用氧气替代压缩空气作为试压气。

**案例6** 补焊柴油柜爆炸（见图5-24）。

图5-24　爆炸事故案例6

**事故经过：**

某拖拉机厂一辆汽车装载的柴油柜，出油管在接近油阀的部位损坏，需要补焊。操作人员将柜内柴油放完之后，未加清洗，只打开入孔盖就进行补焊，立刻爆炸，现场炸死3人。

**原因分析：**

（1）油柜中的柴油放完之后，柜壁内表面仍有油膜存留，并在柜内挥发油气，与进入的空气形成爆炸性混合气体，被焊接高温引爆。

（2）焊工盲目补焊，酿成事故。

**预防措施：**

（1）柴油柜焊接前必须进行置换处理，并达到清洗合格标准后，才能补焊。

（2）补焊时应将油柜所有盖和阀门打开，并通压缩空气。

**案例 7** 补焊装酸罐爆炸（见图 5-25）。

图 5-25 爆炸事故案例 7

**事故经过：**

某单位一装运硫酸的罐体底部漏酸，补焊时，将罐底朝上，入孔朝下放在地面上，当焊工引弧时，酸罐即发生爆炸，当场炸伤焊工，并炸死在场工人一名。

**原因分析：**

经过取样分析得知，罐体材料不是耐酸钢，在稀硫酸作用下，罐体材料中的铁与酸可发生如下反应：$Fe+H_2SO_4=FeSO_4+H_2\uparrow$，由上式可知，在酸罐内会充满氢气与空气的混合气体，氢气在空气中的含量超过爆炸极限范围，因此，显然是焊接点火引燃罐内混合气体发生爆炸。

**预防措施：**

补焊酸、碱罐前，必须先了解罐内情况，然后用（碱）水清洗，待其中的液体或气体排净，并使焊件不呈密闭状态时，才能施焊。装稀硫酸的罐槽，应用耐酸钢板或衬铅钢板制成。

**案例8** 氨水罐上无证动火，引爆造成重大伤亡（见图5-26）。

图5-26　爆炸事故案例8

**事故经过：**

某年10月9日，某厂安装一队承担一个项目，需在氨水罐上动火，未办理动火证，也未采取安全措施，爆炸极限的氨气和少量的氢气、稀氨水罐中甲烷气混合，遇到气焊明火使氨水罐发生爆炸。3名检修工和焊工被炸开的直径约为7m的顶盖弹向天空，其中1人头部撞在架空的水管道上，脑裂死亡；另外2人被抛到房顶上。

**原因分析：**

在氨水罐上气焊，未办理动火手续，未采取安全措施，属违章气焊动火，其明火引起罐内已达到爆炸极限的氨气发生爆炸。这是一起典型的违章用火事故。

**预防措施：**

在氨水罐上动火前，应先与生产系统隔绝，进行清洗置换，动火分析合格，并要办理用火手续，采取可靠的安全措施，经批准，进行监护等方可动火。

案例9　未加盲板引起气体窜流，遇焊接明火减压塔爆炸（见图5-27）。

图5-27　爆炸事故案例9

**事故经过：**

某厂减压装置正在检修，1名焊工在减压塔底部的抽出管上动火，塔内突然爆炸，一股气浪从4、5、6层入孔冲出，有两名工人炸死后被抛到20多米远的加热炉顶上，另有7名工人受伤，炸坏14层塔盘，装置开车推迟10天，伤亡惨重，损失巨大。

**原因分析：**

这起事故的主要原因是减压炉紧急放空管的一个阀门未加盲板，易爆气体由紧急放空池沿放空管经过炉管后又窜入减压塔内，遇焊接明火后引起爆炸，属违章动火。

**预防措施：**

动火前，动火系统必须与生产系统（有易燃易爆气体）完全隔绝，按规定加上盲板。动火系统必须进行吹扫置换、清洗，经动火分析合格并办理动火证后，方准动火。

**案例10** 整理氧乙炔胶管时发生爆炸（见图5-28）。

图5-28　爆炸事故案例10

**事故经过：**

某机械厂1名焊工，在工作完毕后整理氧乙炔胶管时，乙炔铜管突然发生猛烈爆炸。该焊工当场被炸死，周围的设备也受到不同程度的损坏。

**原因分析：**

乙炔与铜、银等物质长期接触，会发生化学作用，反应生成乙炔铜和乙炔银，这类物质受到振动、摩擦、高温、冲击等外因作用，就会引起爆炸。据了解，事故当时既没有听到回火异声，也没有违章操作。在清理爆炸现场时，找到一段被炸裂的纯铜管，这段炸裂的纯铜管被该焊工用作乙炔胶管的连接管。纯铜管使用一段时间后，内壁乙炔铜积聚，焊工在整理氧乙炔胶管时，由于不断拖动，使乙炔管受到振动、摩擦，从而使乙炔铜管发生爆炸。

**预防措施：**

不准用纯铜管作为氧乙炔橡胶管的连接管。凡是与乙炔长期接触的铜合金零部件的铜的质量分数不得大于70%。

**案例11** 补焊油管导致发电厂燃油系统炸毁（见图5-29）。

图5-29 爆炸事故案例11

**事故经过：**

某市热电厂新增两套燃油发电设备，在安装收尾时，油罐里已灌装1万多吨油。发现一根油管漏油，经过简单的置换清洗后，即由焊工补焊。焊工刚引弧，油管即发生爆炸，整个燃油系统被炸毁，1万多吨油全部烧光，事故现场方圆200m之内一片火海，大火烧了20多个小时。该事故造成7人死亡，23人受伤，损失123万元。

**原因分析：**

由于对漏油管道的置换和清洗不彻底，在管道内仍存在着爆炸性混合物，遇焊接明火而爆炸。未进行动火分析，违反动火安全管理规定是这起事故的主要原因。

**预防措施：**

燃料容器和管道的补焊必须彻底进行置换和清洗，且必须进行动火分析，检测合格并办理动火证后方准补焊动火。

# 第四节 特殊作业事故案例分析

**案例1** 焊工沿竹梯攀登时坠落造成重伤（见图5-30）。

图5-30 特殊作业事故案例1

**事故经过：**

某装潢公司装修一商店门面时，一焊工左手拿面罩和焊条，右手拿焊钳沿竹扶梯往上攀登至约3m处，正准备用焊钳夹焊条的瞬间，脚下一滑，后仰而跌下，造成手和腰多处骨折而受重伤。

**原因分析：**

焊工沿竹梯登至3m处作业，属高处作业，没有采取防坠落安全措施是发生事故的主要原因。

**预防措施：**

登高2m以上必须要有安全防护措施，如脚手架、系安全带、加安全网等。

**案例2** 安全带低挂高用高处坠落，身受重伤（见图5-31）。

图5-31 特殊作业事故案例2

**事故经过：**

某施工单位在拆除郊外某厂一钢结构车间时，一气割工登高用氧乙炔焰气割屋顶钢架，当割完第二根槽钢时，这根下落的槽钢打击下一层钢梁而引起振动，该气割工也被震落，虽系了安全带，但因空中坠落距离过大而受重伤。

**原因分析：**

该气割工没有遵守高处作业中安全带高挂低用的安全要求，在高处作业时，安全带应扣牢在作业点上方，而该工人为下行方便把安全带扣在作业点下方，事故发生后，虽然佩戴了安全带因空中坠落距离过大而受重伤。

**预防措施：**

登高作业必须佩戴安全带、架设安全网，安全带要高挂低用，不准低挂高用。拆除工程，预先要编制拆除安全技术方案，实现顺利安全拆除。

案例3　解开安全带，在外轮上进行焊接不慎坠落船舱摔死（见图5-32）。

图5-32　特殊作业事故案例3

**事故经过：**

焊工师某随南通某工程队去某船厂码头打工。某年5月下旬某日早上，师某和同事们一起登上某轮船进行高处焊接作业，按要求系挂了安全带。因操作中需要在脚手架上来回走动，便中途解开了安全带，继续施焊，不慎从13m高处坠落船舱摔死。

**原因分析：**

开始时，焊工系了安全带，因为要在脚手架上来回走动，中途解开了安全带，后因未系上安全带，致使其在高处焊接时不慎坠落身亡，属于违章施焊。

**预防措施：**

在高处必须坚持全程系安全带施焊。不宜使用安全带时必须在施焊区域下方架设安全网。

**案例4** 气焊工登高作业，踩破石棉瓦坠落受伤（见图5-33）。

图5-33 特殊作业事故案例4

**事故经过：**

某化工机械厂女气焊工王某在石棉瓦屋顶上进行气焊作业时，踩破屋顶石棉瓦，从3m高处坠落，造成重伤。

**原因分析：**

在石棉瓦屋顶上进行气焊作业，没有在石棉瓦屋顶上铺安全垫板，违反了登石棉瓦屋顶的安全规定，属违章作业。

**预防措施：**

登石棉瓦屋顶作业或行走必须铺设牢固的安全垫板，确保在上面作业或行走时的安全。

**案例5** 电阻焊时发生机械伤害（见图5-34）。

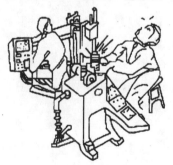

图5-34 特殊作业事故案例5

**事故经过：**

某厂工具车间一名工人带领学徒工使用对焊机焊接刀具。师傅在往电极夹钳上装卡焊件、找正位置时，口头指挥学徒工支垫工件尾部。当气动的夹钳上臂压下时，学徒工尚未抽出的右手食指被挤于工件尾部和垫铁之间，造成食指末端破裂及开放性骨折。

原因分析：

（1）两人协同工作中配合失调，师傅在启动电极夹钳下压时，没有提醒徒工注意，也没有得到徒工应诺。

（2）学徒工在支垫工件时，手持垫铁的方式不正确，不应用手指上下握持垫铁。

预防措施：

（1）两人协作要密切配合，事先约定口语联系的方式，得到信号后再操作设备。

（2）应制作专用工具夹持垫铁，避免手指介入夹钳钳口被夹。

（3）改进焊机夹具的工艺性能，使之可偏转角度，并能做上、下及水平方向移动。

（4）加强安全技术学习，提高安全生产技能。

案例6 等离子弧焊健康危害事故（见图5-35）。

图5-35 特殊作业事故案例6

事故经过：

某厂两名焊工在等离子弧焊接作业中，一名焊工突然流鼻血，另一名焊工近来嗓子不舒服。经医生检查后，发现两名焊工血液中的白细胞大量减少，已低于健康标准。原来，这两名焊工已连续从事等离子弧焊达6个月，作业场所狭窄，且无抽烟吸尘装置。两名焊工早就觉得精神倦怠、胸闷、咳嗽、头昏脑涨，但却不知其病因。

**原因分析：**

（1）等离子弧焊接过程中伴随有大量气化的金属蒸气、臭氧、氮氧化物等，这些烟气和灰尘对操作工人的呼吸道、肺等产生严重影响。

（2）工人对这种新工艺产生的危害性及如何防护缺乏了解，未使用适当的个人防护用品。

**预防措施：**

（1）企业的技术工艺部门在采用这种工艺时，应同时制定劳动卫生保护措施。

（2）企业的安全、生产部门对实施这种工艺应安排恰当的场所，配置抽烟吸尘装置，降低有害气体、烟尘的浓度，使之符合国家劳动卫生标准。

（3）操作者要重视个人防护用品的使用。

**案例7** 高空焊接作业坠落（见图5-36）。

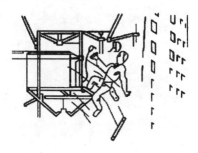

图5-36 特殊作业事故案例7

**事故经过：**

某年11月10日15时30分，某单位基建科副科长甲未用安全带，也未采取其他安全措施便攀上屋架，替换焊工乙焊接车间屋架角钢与钢筋支撑。工作1小时后，辅助工丙下去取角钢料，由于无助手，甲便左手扶持待焊的钢筋，右手拿着焊钳，闭着眼睛操作。甲先把一端点固，然后左手把着已点固的一端的钢筋探身向前去焊另一端。甲刚一闭眼，左手把着的钢筋支点点固不牢，支持不住人体重量，突然脱焊，甲与钢筋一起从12.4m的屋架上跌落下来，当即死亡。

**原因分析：**

（1）基建科副科长不是专业焊工。

（2）事故发生时无监护人。

（3）登高作业者未用安全带，也无其他安全设施。

**预防措施：**

（1）非专业焊工不能从事焊割作业。

（2）登高作业要设监护人。

（3）登高作业一定要用标准的防火安全带、架设安全网等安全设施。

**案例8** 在半封闭容器内施焊，导致"焊工金属热"（见图5-37）。

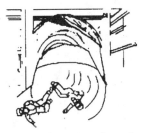

图5-37　特殊作业事故案例8

**事故经过：**

某厂容器车间，焊工在φ900mm×2470mm半封闭筒体内用低氢型碱性焊条施焊，作业中无通风排毒措施，女焊工因焊接烟尘中毒晕倒，继而出现发低烧、寒冷、恶心和口内出现金属味等症状。

**原因分析：**

用低氢型碱性焊条在半封闭容器内施焊，且又无通风排毒措施是引起焊工中毒的主要原因。

**预防措施：**

在半封闭容器内施焊必须采取通风排毒措施。焊工应在上风向作业。有条件时要采用轮换作业。焊工身体不适，不宜进入在半封闭容器内用低氢型碱性焊条施焊。

**案例9** 焊工与焊车从平台上倒下，焊工受伤（见图5-38）。

图5-38 特殊作业事故案例9

**事故经过：**

某金属结构厂一名埋弧焊焊工使用MZ—1000型自动焊机焊接钢柱，当焊完一面焊缝后，需将焊件翻身。为了让出位置，焊工便提起自动焊车往墙边挪动，当移到焊接平台边缘时，不慎被焊接电缆绊住脚，连人带焊车从0.6m高的平台跌下，造成左脚背被焊车压伤、腰部扭伤事故。

**原因分析：**

经调查该焊车重约50kg，且拖连着电缆，单人移动焊车确有困难，造成这种无人协助的原因是劳动组织不合理。该车间生产现场较混乱，多种电缆、气体软管常有绞在一起的现象，焊工被绊倒，是不重视安全生产的结果。

**预防措施：**

加强生产管理人员的安全法制教育，提高思想认识，合理组织生产劳动，重视工人在劳动中的安全健康。促进现场安全生产，做到产品、设备、工具摆放整洁。电缆、管线等不乱拉，不乱扭。

案例10　吊攀焊接不牢脱落，导致起重工受伤（见图5-39）。

图5-39　特殊作业事故案例10

**事故经过：**

1992年某结构厂焊接一大型构件，需翻身后再行施焊，当起吊翻身至一半时，吊攀脱落，构件坠落，幸好下面无人，只有一位起重工在躲避时，跌倒致脚部受伤，但构件损坏。

原因分析：

经分析，该焊工不懂翻身吊攀的焊接要求，近12t重的构件。焊脚仅4mm，吊攀没有焊牢。因而翻到一半，吊攀首先在未包角处被拉裂，又因焊脚太低，最终吊攀断裂导致构件坠落。起重工在挂钢丝绳时没有检查吊攀是否牢靠，也是导致事故产生的原因之一。

预防措施：

选用的吊攀必须能承受被吊物的重量，焊脚必须焊满焊牢，不留任何焊接缺陷。起重工应在起吊前对焊接质量进行认真检查。